信息网络规划与控制管理

陶 洋 著

国防工业出版社

·北京·

内 容 简 介

本书从设计、规划、控制、管理等多个角度出发，对信息网络规划与控制管理进行研究。首先对物理、逻辑和信息资源进行了系统地分析；然后在此基础上着重对计算、传输、存储、逻辑和信息能力进行规划，实现了网络性能最优化；最后针对网络结构、网络系统和网络安全提出了相应的控制管理策略。

本书适用于对信息网络规划、控制管理有兴趣的读者，也可作为相关技术人员、信息网络系统相关高校师生的参考书目。

图书在版编目（CIP）数据

信息网络规划与控制管理/陶洋著. —北京：国防工业出版社，2020.10

ISBN 978-7-118-12184-1

Ⅰ. ①信…　Ⅱ. ①陶…　Ⅲ. ①信息网络－网络规划②信息网络－网络系统－系统管理　Ⅳ. ①TP393

中国版本图书馆 CIP 数据核字（2020）第 177088 号

※

国防工业出版社出版发行

（北京市海淀区紫竹院南路 23 号　邮政编码 100048）

北京虎彩文化传播有限公司印刷

新华书店经售

*

开本 710×1000　1/16　**印张** 12　**字数** 210 千字

2020 年 10 月第 1 版第 1 次印刷　**印数** 1—600 册　**定价** 158.00 元

国防书店：（010）88540777　　书店传真：（010）88540776

发行业务：（010）88540717　　发行传真：（010）88540762

前　言

如今网络系统越来越大地影响着现代人的工作、生活、学习、科研等各个方面，并发挥着不可替代的作用。随着时代的发展，人们对网络系统性能的要求越来越高。在当前网络资源不断增加和网络规模不断扩大的环境下，信息网络规划与控制管理对网络系统起着至关重要的作用。

本书是一本信息工程设计、规划、管理及控制领域的专著，通过系统化相应流程、方法、结构、技术的阐述，力图从网络系统的合理架构、设计、控制、管理等方面集成构建一个完整的方法系统。本书从现有的网络资源和网络系统技术出发，在实际应用的网络搭建前，通过对整体网络包含计算、传输、存储、逻辑和信息能力等要素进行合理的分析，同时考虑现实环境下出现的网络安全以及网络控制管理策略的影响，统筹规划网络的搭建，即通过网络资源利用及相互关联性等理论分析，提高整个网络的系统效用。

本书主要有三大特点：一是本书阐述了网络规划和设计的基础知识，便于读者对网络规划的理解；二是本书是系统性的信息系统规划与控制管理的专著，通过对网络的结构、设计、测试和运维等集成构建一套技术体系和规范；三是本书结构清晰，内容通俗易懂，无论是理论深度还是广度都符合大多数读者的需求，同时丰富的应用分析具有较高的实用性，能使读者更加深刻地学习理解网络规划与控制管理，并且应用到实际的工程领域中。

本书包含 7 章，由陶洋教授负责学术定位、内容及框架的确定，撰写各个章节的核心内容，且审校全书。参加撰写的人员有杨理、徐娟、胡静、王成宇、王进、潘雷娜、侯尧等。

本书在撰写过程中，参考了大量的文献和资料，在此向原著作者们表示诚挚的感谢！由于作者的经验有限，不足之处在所难免，恳请各位读者批评指正。

陶　洋

2020 年于重庆南山

目　录

第1章　网络资源分析

网络资源就是维持整个网络正常运行的各种资源的总和。对于网络资源本章分为三大部分，即物理资源、逻辑资源及信息资源。物理资源是指网络物理层的属性，由传输、处理、存储三部分构成。为了实施有效的网络运行、控制管理所做出的各种约定，统称为逻辑资源，它们不但对物理资源提供了服务接口，也为网络的运行管理提供了有效的服务，目前来看主要包含 IP 地址、DNS、信道、号码资源等。信息资源是一种对现实事物、事务的数字化形式表达，它只是描述对象的一种映射关系，属于虚拟资源范畴。

若需网络正常有序地完成信息交互与数据传递，就要使各种资源进行平衡、相互匹配。本章将从三大资源出发，系统地介绍多种资源的内容特点以及它们之间的匹配关系及原则，希望使读者对网络资源有一个清晰、详细的认识，从而帮助读者更好地了解整个网络，从网络资源的角度对网络的架构及规划设计方法有更深入的了解。

网络资源与应用之间存在的层次关系如图 1.1 所示。

网络应用
支撑业务
信息资源
逻辑资源
物理资源

图 1.1　网络资源与应用的层次关系

从理论上讲，现实世界中的事物都能够用某种数字化的形式描述和表达，也就是通常所说的信息化，在信息技术领域也称其为虚拟化。正是有了这个虚拟化的技术实现，基于数据文件、语音流、视频流等传递业务，才使现实中各种信息的网络化应用得以实现。

1.1　物理资源

网络的物理资源指在维持自身运转的前提下保障信息通信与共享需求的资源，物理资源可分为传输资源、处理资源和存储资源三部分，当然也让网络具备了相应的 3 个能力，即传输能力、计算能力和存储能力。本节就详细介绍这三大物理资源的构成、属性、计算方法及特点。

网络的物理资源作为一个有机整体，它们之间具有相互衔接、相互匹配的紧密关系，从时空的角度看还存在相互之间的转换关系。这 3 种资源中缺乏任何一种资源都将影响整个网络的功能和正常运行。鉴于这三者是相互匹配与相互支撑的关系，因此将其构建为物理资源关系环，如图 1.2 所示。

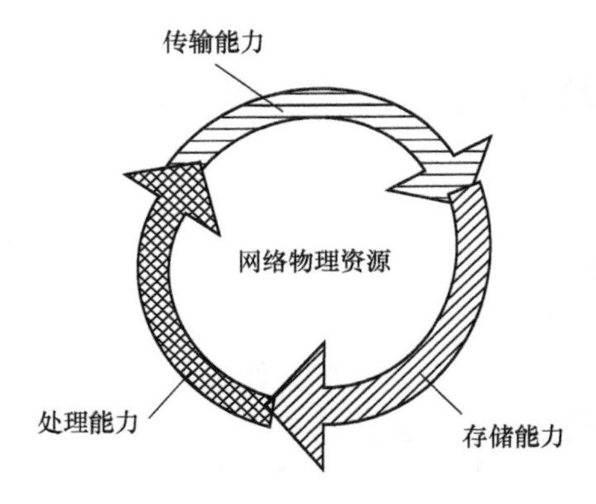

图 1.2　网络物理资源环

下面就对上述提及的 3 种物理资源含义进行介绍。

网络的传输资源是指网络在单位时间内传输信息量大小的一种表示方式，它的具体表现一般是带宽，单位是 Mb/s、Gb/s 等。它保证了网络最基本的运行条件。如果没有这种能力或资源，网络是不成立的。这种资源的实现可以有多种方式，就目前而言有电方式和光方式，也可以理解为有线方式和无线方式。

网络的处理资源就是对自然信息的加工转换以及与传输匹配的计算能力或处理能力，在网络仅用于话音通信和电报通信的早期，这种能力包括人在网络中的操作和控制能力，如人工转接、电报译码等；而现在所指的是基于芯片和软件的自动处理能力，这种能力就是网络为应用提供的一种资源，这种资源在网络上是分布式且集中在网络的节点上，如网络中的交换机、路由器以及用户终端等都拥有这种资源和能力，唯有如此才能满足人们的各种信息传递的需求。

网络的存储能力表现在网络对信息容纳的多少，它包括动态的和静态的两个方面，动态的就是网络线路对信息的容纳能力以及支持处理所必需的动态存储机制，因为网络一旦处于正常运行状态，在网络上任何时刻（不论是在节点处理单元上还是在线路上）都驻留有正在传递的信息，这种信息的量是依不同的网络而不同的，一般来说人们也在追求这种存储量的提高；另一个方面是静态的，这种资源主要是用来存储所接收的信息和需要被传递的信息，通常情况下它的量是很大的，因此必须要有专门的网络机制来存储它，才能满足相应信息传递的需要，如网络中的数据库服务器、网络中的存储局域网（Local Area Network，LAN）等。

1.1.1 传输资源

传输资源就是保障信息有效传输的条件，主要体现在信道中提供给通信的服务能力。下面就从传输介质特性、传输的参数特性、传输的拓扑结构以及传输的层次结构四方面进行系统介绍。

1. 传输介质特性

通常将传输介质分为有线和无线两大类。传统的有线传输介质主要有同轴电缆、双绞线及光缆；而无线传输介质主要有无线电波、激光和红外线等。不同的传输介质其特点各不相同，也对传输质量有不同的影响。有线传输介质效率高、传导性好，但是铺设难度大、易损耗，通常是点对点形成一条线型的传输；无线传输介质范围广、便于传播，但可靠性较低、易被干扰，通常是多点对多点形成一个面型的传输。

1）有线传输介质特性

双绞线是由两根具有绝缘保护层的铜导线相互缠绕而成的。将这两根导线按一定的规律相互缠绕在一起，从而达到有效地抑制共模干扰的效果。它的特性为抗干扰能力较强、价格便宜、取材方便，但传输速度较低。

同轴电缆类似于双绞线但也有其自身特点，就是必须按照“同轴”形式构成线对。同轴就是指内部有两个同心导体。通常有 4 层：最里层是中心铜线，外包塑料绝缘体，再外包一层屏蔽层，最后是一层电线外皮用来进行保护。导体和屏蔽层又共用同一轴心的电缆。它具有安装容易、成本低、抗干扰能力强、成本高、维护不便等特性。

光纤的全称是光导纤维，它是由玻璃材料或者塑料制成的，利用光的全反射原理进行信息传播，将电信号转换为光信号通过内部多次全反射到达接收方再转换为电信号。由于在光纤中信息的损耗远小于在电缆中，所以常用于长途传输。光纤通常分为两种，即工作在一个传播模式的单模光纤以及可按工作波长分为多个模式的多模光纤。它的特点是抗干扰能力强、传输效率高、误码率低、延迟低。

2）无线传输介质特性

无线电波是指在自由空间（包括空气和真空）传播的射频频段的电磁波，频率在 $10\sim33\times10^{7}$kHz 之间，有着直射、反射、折射等多种传播方式。也可按频率或波长进行分类。无线电波传输距离远但传输损耗大、抗干扰能力差、频带资源紧张。

激光是指原子受到激发将能量以光子的形式发射出去的一种现象。可将信息携带到激光束中作为传输介质进行通信。激光的特性有携带信息种类丰富、容量大、保密性好、不容易被截获、设备小巧轻便、便于携带、能适应各种场合、传输距离远，但也有易受天气影响、衰减性强、瞄准困难等问题。

红外线是波长介于微波与可见光之间的电磁波，波长为 760nm～1mm，多用于小型、封闭的区域，如家用电器遥控器。红外线作为传输介质有着较强的方向性，成本低、保密性强，若无障碍物则传输效率高。但易受自然光与特种极端天气的干扰，难以穿透非透明的大型物体。

2. 传输参数特性

传输参数特性一般是指数据在信道中传输时，能反映其性能指标的几个重要参数。本节将从带宽、时延、流量、连通性等方面进行介绍。

1）带宽

在通信领域中，带宽有以下两层不同的含义。

（1）指频带宽度。其中包含一个信号中所有不同频率成分所占据的频率范围，即是模拟信号最高频率与最低频率的差值。通常所说的电话线路其通带范围为 300～3400Hz，所以带宽在 3kHz 左右，人耳能识别的语音信号频率范围在 20Hz～20kHz 之间，带宽在 20kHz 左右。这种带宽的单位为赫兹（Hz）。

（2）表示通信线路中所能传输数据的能力，即在单位时间内从网络中的某一点到另一点所能通过的“最高数据率”。常用单位是 bps（bit per second）或者 b/s，即每秒钟通过的比特数。本书所提及的带宽大多均指此带宽。

2）连通性

连通性是传输资源的基本且重要的指标，只有不同的主机之间的连通性达到要求才算构成一个网络，进而传递信息。而连通性通常可以分为瞬间单向连通性和瞬间双向连通性。

（1）瞬间单向连通性指在某一时刻，发送方的 IP 地址将一个 K 类型的信息发送到接收方的 IP 地址，而接收方成功收到 K 类型的信息，这就可以称为在某一时刻发送方到接收方的地址有 K 类型的瞬间单向连通性。值得注意的是，由于不同类型的信息得出的测量结果多少会有差异，所以这里指出是 K 类型的。

（2）瞬间双向连通性则是指在某一时刻，发送方地址到接收方地址具有 K 类型的瞬间单向连通性，而且同一时刻，接收方地址到发送方地址也具有 K 类型的瞬间单向连通性，就可以说此时刻发送方地址和接收方地址具有 K 类型的瞬间双向连通性。

3）时延

时延指的是某个数据从网络的一个地址传递到另一个地址所需的时间差。时延也是在传输资源中的重要指标，若时延过长则会引起网络拥塞。下面将以单向时延及往返时延两种方式进行介绍。

（1）单向延迟。单向延迟是指 T 时刻，从发送方发送 K 类型数据的第一位，而在 $T+\Delta t$ 时刻，接收方接收到数据的最后一位，则认为该时刻从发送方地址到接收方地址的 K 类型单向延迟是 Δt，单向延迟与数据的传输时间和传播时间成反比，当整个网络中单向延迟越高时，网络的利用率越低，拥塞发生情况越多，如果单向延迟大于了某个值后，就说明网络中出现了拥塞。

（2）往返延迟。往返延迟是指在某一时刻，接收方接收到了发送方发送的 K 类型数据的第一位，之后立即发送 K 类型应答信号到发送端：在 $T+\Delta T$ 时刻，发送端收到该应答信号的最后一位，则认为该时刻从发送方地址到接收方地址的 K 类型的往返延迟为 ΔT。往返延迟与传播和传输之间造成的延迟有关。

单向延迟和往返延迟都有相同的特点：当丢失的数据过多时，一些实时性要求很高的应用软件就不能正常运行，严重时甚至不能运行。为了解决这些问题需要付出巨大的代价，容易造成网络的拥塞和资源利用率下降。

4）流量

信息通过不同的方式在网络中传播，每种传播方式都有自己的特点，如光信号、电磁波，携带的消息内容也是各不相同。但如果抛弃这些表面，不去管它分组或者格式等基本特性，而把它仅仅作为流量构成单位，就可以总结出很多共同的流量特征。这里介绍流量的共同特征，不论它是业务流还是位流，这些特征都是相同的。

（1）流量速率。流量速率是指单位时间内流量单位被传递的数量，当一个信道在某一时刻没有传递相关信息时，那么规定它的流量速率为 0。同时，把一个信道内允许通过的最大流量速率称为流量速率的峰值，由于不同信道的特点不尽相同，所以峰值也各不相同，但要满足以下公式，即

$$流量速率 \leqslant 流量峰值速率$$

流量速率又分为流量恒定速率和流量可变速率。

流量可变速率指流量速率在某一信道中的传播速度是变化的，主要原因是在节点转换中不同的节点特征会造成不同的流量速率的叠加，到达节点的流量时间各不相同，所以它们叠加起来的速率也不相同，从而造成输出速率的变化。

流量恒定速率就是指流量速率在某一信道中的传播速度是不变的，一般来说，信号双方都会存在一种定时关系来保证速度不变。具有恒定速率的流量通常出现在终端系统与网络节点的恒定带宽连接信道上。

可以看出，正是因为这些节点的速率可变，可能导致不同节点之间的速率不同。如果数据从一个大速率的节点流向一个低速率的节点，或者流入的速率超过节点本身可以控制处理的范围，势必会发生排队等待、丢包甚至拥塞。如果多个节点发生了上述情况，那么整个网络就可能出现拥塞。在网络中把路由器、交换机等一些具有改变流量速率的设备称为节点，它们有自己相应的数

据传输能力、数据控制能力和数据交换能力。通过这些能力能实现数据的优化、处理、修改。一方面加快了数据的传播、提升了网络的性能、增加了可靠性，另一方面也可以将流量速率进行可变与恒定之间的相互转化，提高或者降低传输的流量速率。

（2）流量的平衡性。功能上来讲网络是由不同的终端与传输线路组合而成，正是因为有了不同的终端，才会有不同的需求，就如同电话需要语音信号、屏幕需要视频信号。正是因为不同的需求才会发展出各种不同的信道、不同的交换设备、不同的协议甚至构成不同的网络。这些都是为了便于信号的最佳传输，但这也造成了不同网络之间流量的不平衡。

这种流量的不平衡现象是任何网络都存在的，在电话网中会出现占线、在互联网中会出现网速骤降等。不同的网络中对于这种不平衡的表现形式是不同的，但是本质都是因某些时段网络资源过多，某些时段网络资源又很少，这就造成资源的浪费、利用率下降。所以，如果了解网络流量分布与结构，就有助于提升网络资源的利用率和控制效果。

网络流量的不平衡分为两种，即网络流量数据的外部不平衡特性和网络流量数据的内在不平衡特性。网络外在的不平衡性由网络外部的多个因素决定：①网络应用的自身特点，对于不同的网络应用来说，它们有一套自己的传输规则和方式，如编解码规则不同、加解密规则不同、其本身对于数据类的选择有所不同；②网络传输不同，如上所述，不同的网络具有不同的传输模式、传输媒介、路由方式以及节点设备，这些组合在一起造成了传输中的不平衡；③用户行为，用户会有自己的个人喜好，选用不同的 Web 服务器、不同的浏览器、不同的协议（如 HTTP、FTP 等）。

网络内在的不平衡性由网络本身的多个因素决定，与特征向量的取值与网络环境、网络端口之间的连接方式、传输层协议的参数设置（如拥塞窗口、最小阈值）、不同端口采用的不同协议（如一对多的广播协议和端到端的 PPP 协议）等相关。

3. 传输的拓扑结构

传输的拓扑结构是指在传输过程中不同的网络设备或节点之间的分布情况以及连接状态。在不同情况下选择合适的拓扑结构能极大地提高传输能力。通常网络有星型拓扑、总线型拓扑、环型拓扑、树型拓扑、混合型拓扑、网型拓扑等结构。下面简单介绍几个基础拓扑结构，具体见本书第 2 章。

1）星型拓扑

星型拓扑结构是由一个中心节点和许多普通节点构成，每个节点都只与中心节点一对一连接。中心节点的结构复杂、处理能力强。而其他节点通常只负责一些简单的数据交换。星型拓扑有着维护管理方便、延迟误差小、多路传输快等优点。但也有对中心节点要求高、没有备用线路、共享能力差等缺点。

2）**总线拓扑**

总线拓扑是通过一根公共传输信道将所有的设备进行连接的结构，而这个公共信道称为总线。由于所有设备共享一根总线，所以一次只能传输一个设备的信息。通常采用分组的方式进行交替传输。总线拓扑有着易于扩充和管理、信道利用率高、传输速率快等优点，也有无法同时多路传输、故障诊断和排除困难等问题。

3）**环型拓扑**

环型拓扑是指将所有节点串联至一条线路，并将线路首尾相连形成闭合环。所有的信息通过环路中的设备进行转发，最终到达目标设备进行接收。传递方向可以单向也可以双向。环型拓扑有着线路长度短、操作简单等优点，也有延迟长、信道利用率低、整个网络容易瘫痪等问题。

4）**树型拓扑**

树型拓扑由从上而下的呈三角形的多级结构组成。从上到下节点依次增多，但没有闭合回路。树型拓扑通常有易于扩展、易于查询等优点，也有对根节点的高依赖性、传输效率低等问题。

5）**混合型拓扑**

混合型拓扑就是将两种不同的拓扑类型混合起来使用。通常是将星型-环型或者星型-总线型进行混合使用。优点是有着两种不同网络的优点，但有结构复杂、成本高、安装与检测难度大等问题。

6）**网型拓扑**

网型拓扑是将不同节点的设备进行多点互连，从而形成一个网状结构。这样提升了网络的鲁棒性、可靠性、减少了碰撞和拥塞的发生，但也增加了网络的复杂性，需要更高的成本与更好的算法进行维护。

4. 传输的层次结构

在传输网络中，可将它按平面结构分为接入网、子网和骨干互联网三部分。通常利用接入网将骨干互联网和单个终端或者子网相连。接入网主要为用户终端或者子网提供接入网络服务，骨干互联网主要为各种业务提供交换和传输服务，是连接网络与网络的网络。而子网是由路由器和主机组成的互联系统，如校园网、企业网等。

1）**接入网**

接入网是指骨干网络到用户终端或者子网之间的所有设备。其与用户的距离较短，因而被形象地称为“最后一公里”，如光纤到节点（Fiber-To-The-Node，FTTN）、无源光纤网络（Passive Optical Network，PON）、混合光纤同轴电缆网（Hybrid Fiber Coaxial，HFC）等都属于接入网部分。接入网可以分为两大部分，即无线与有线。其中无线接入网又有固定终端与移动终端之分。而有线终端则有纯双绞线、光纤/双绞线、光纤/同轴电缆、纯光纤，如图 1.3 所示。

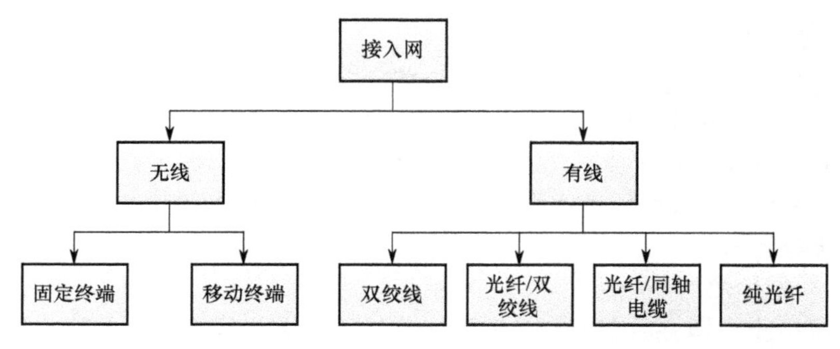

图 1.3　接入网划分

接入网有 4 个重要的特征：具有承载接入业务的能力，能实现业务的透明传输；接入网对用户信令是透明的，可将信令和业务处理放在业务节点中进行；通过标准化接口可对不同类型的业务进行接入；有与业务节点之间相互独立网络管理系统，可通过该管理系统对接入网进行管理。

2）子网

由于互联网是由许多小型网络构成，而每个小型的网络都可以称为一个子网，子网一般是由多个路由器和主机组成的互联系统。它的概念范围较广，应用场景也多，如学校、公司、机构等单位的内部网都可以称为子网。

3）骨干互联网

骨干网作为互联网的一部分，是用来连接多个地区的高速网络，通常用来描述大型网络（广域网），作用范围从几十千米到几千千米范围不等，由多种结构和协议构成。而骨干互联网就是指各个国家之间的互联网提供商进行连接的网络。不同的主机之间或通过接入网或直接与骨干互联网相连接，通过此方式与其他主机相连接。在互联网中，骨干网之间有多种互联方式，下面列出典型的 4 种。

① 按照物理连接方式分为直接互联和通过交换中心互联。

② 按照互联双方交换信息的方式分为不穿透互联和穿透互联。

③ 按照结算模式可分为付费互联和免结算互联。

④ 按照路由开放程度可分为一方对另一方开放部分路由的互联和一方对另一方开放所有路由的互联。

目前中国有九大骨干网，具体如下：

（1）中国公用计算机互联网；

（2）中国金桥信息网；

（3）中国联通计算机互联网；

（4）中国网通公用互联网；

（5）中国移动互联网；

（6）中国教育和科研计算机网；
（7）中国科技网；
（8）中国长城互联网；
（9）中国国际经济贸易互联网。

1.1.2 处理资源

处理资源又称为计算资源，指对网络信息资源的一种处理，通过各种计算操作或对计算资源的配置来满足不同用户对不同网络的需求，现有的许多新技术都可以包含在处理资源之内，如数据融合、数据挖掘、云计算、智能识别、视频音频处理技术等。这些新的处理资源会提高网络性能，增加网络的灵活性，提升网络的安全性。由于网络的高速发展，不同种类和功能的网络越来越多，网络的差异性也越来越大，用户的需求也是日益更新。所以为了满足这些需求，之后的网络就要朝着更加灵活、更高可变性的方向发展，甚至可以把多种不同的网络结合在一起。但就如之前所说，网络的差异性阻碍了它们的融合，而这就要利用处理资源来实现整合。

以下将从处理资源的演变、分布特征、计算资源的参数以及处理资源的模式 4 个方面进行介绍。

1．处理资源的演变

在计算机发展中，早期的计算机由于体型巨大、价格昂贵、处理能力低下等多个缺点使得无法对一些大规模的复杂问题进行处理。而后，随着大规模集成电路、微型芯片等技术的发展，计算机朝着小型化、网络化、智能化的方向发展。计算能力也是飞速提高，但计算机的闲置时间却增多，计算资源的利用率也大大降低。为了利用这些闲置资源，并行计算、分布式处理、网格计算、云计算等新兴的计算模式不断涌现。

计算机计算资源的发展分为 3 个重要阶段。

1）单主机计算

单主机计算是指以单个大型主机为中心的计算方式。在这种方式下，所有用户都通过一台大型主机进行数据处理，同时共享 CPU 数据和存储数据。大型主机计算功能强大，有着严格的集中控制，但却对用户不友好，容易产生拥塞。当主机出现问题时，整个网络就会瘫痪。

2）C/S 计算

客户/服务器（Client/Server，C/S）计算是 20 世纪末发展起来的，由于当时微电子技术的发展，计算机呈现出微型化，强大的处理能力与低廉的价格使得计算机网络迅速发展，传统的大型单主机模式已经无法适应大量数据以及计算能力的发展。C/S 结构集中了大型系统与服务器的优点，并增加了开放性和良好交互性的特点。将客户机与服务器相连接，将计算能力分配给各个客户机，提高了计算效率，实现了数据共享。

3）网格计算

网格计算是一种基于互联网的分布式计算模式，它通过把一个巨大复杂的计算问题分割成许多小的部分，再把这些部分分配给许多的计算机，利用它们的闲置资源进行计算，最后再把单个结果综合在一起形成最终成果。这样使得稀有资源得以共享，网络的负载达到平衡，提高了计算资源的利用率。

2. 分布特征

在网络中，路由器、服务器、交换机等设备管理着大量资源的计算与处理。它们在多种协议与算法的配合下对数据进行分析、存储、转发等重要操作，并且针对不同的网络特性，显示出了不同的分布特性。下面将以服务器为例，从集中式、分布式、分布集中式 3 种模式对分布特征进行介绍。

1）集中式

集中式就是将多个服务器组合在一起或者建立一个大型的服务器，将所有的资源全部存入这个服务器，并且将大部分的计算都交给服务器进行。其他终端连入此服务器，对数据进行下载、操作。完成以后再将数据上传至主服务器。这对主服务器的配置要求十分苛刻，所以通常这些服务器都具有巨大的存储空间、复杂的计算能力、良好的网络质量以及极强的安全防护等特点。使用集中式分布具有较低的软件与硬件成本、管理简单等优点，适合早期的小型项目。但也有明显的缺点，如在传输时需要极高的网络质量、网络的安全性也有所不足，特别是当服务器出现问题时整个网络会面临瘫痪。

2）分布式

由于集中式存在着各种缺陷，所以学者们又提出一种新的分布方式来改进这些问题，这就是分布式。与集中式相反，分布式是将所有的资源以及计算分配给网络中各个不同的服务器，它不再有一个集中控制端，每个服务器的地位都平等，形成一种平面结构，有着高度自治权。通过大量服务器的配合，存储能力与计算能力呈几何倍数增长，也提高了计算资源的利用率。由于所有信息都分散地存储在不同的服务器上，即使有一台服务器损坏也不会影响整个网络传输，大大提高了网络可靠性。同样，分布式也有些问题亟待解决：所有的数据与处理都分散在各处服务器，必然延长传输时间，增加网络的负担，容易引起拥塞现象。由于服务器是对等的，一个服务器可能会同时收到多个服务器的请求进行处理，这就存在并发问题。

3）分布集中式

分布集中式就是将分布式与集中式相结合，吸取了两种不同分布的优点。通过主次结构进行实现。次结构作为全分布状态处理信息，而主结构将次结构收集到的数据进行存储、分析操作，既保证高效性，又解决网络可靠性不足的问题。

3. 计算资源的参数

下面分析两个典型的计算资源的参数 TPCC 与 SPEC。

1）TPCC

TPCC 值是一种由非营利性国际组织事务处理性能委员会（Transaction Processing Corp.，TPC）制定的用来衡量整个服务器性能的指标，通常应用在 C/S 模式的环境下。

TPCC 值可以直观反映出系统的性价比，TPCC 值是每分钟处理的任务数，单位为 tpm（transactions per minute）。系统的总体价格除以 TPCC 值，就可以衡量出系统的性价比，系统的性价比越大越好。

TPCC 的测试结果主要有两个指标。

（1）流量指标（Throughput，简称 tpmC）。按照 TPC 的定义，流量指标描述了系统在执行 Payment、Order-status、Delivery、Stock-Level 这 4 种交易的同时，每分钟可以处理多少个 New-Order 交易。所有交易的响应时间必须满足 TPCC 测试规范的要求。流量指标值通常越大越好。

（2）性价比（Performance/Price，简称 tpmC/Price）。即测试系统流量指标与价格的比值，通常性价比越大越好。

2）SPEC

SPEC（Standard Performance Evaluation Corporation，标准性能测试协会），是一个致力于发布管理计算机性能标准化测试的组织。成立于 1988 年，会员包括 Apple、Dell、IBM、Intel、Microsoft 和 Sun。

SPECjbb2000 是 SPEC 委员会制定的一套 Java 基准测试程序，它是用于测试 Java 服务器性能的。SPECjbb2000 模拟了 3 层 C/S 模型结构，所有的 3 层结构都在一个 JVM（Java 虚拟机）内实现。

SPECjbb2000 反映的是 Java 虚拟机的性能，但在实际中该值常被用来说明服务器的可扩展性，尤其是开发商常用它来证明他们的服务器性能是最优的、扩展能力是线性的。

不管是 TPCC 还是 SPEC，其计算结果都只能作为一个横向比较的参考。在实际应用中，决定系统性能的因素除了硬件、系统软件外，与应用软件的设计也是有很大关系的。此外，基于系统可扩展性的考虑，更多时候也倾向于一次性的采购。

4. 处理资源的模式

按照目前处理资源模式的发展阶段，可将其大致分为并行计算、网格计算与云计算 3 种模式。

1）并行计算

并行计算（Parallel computing）是采用并行处理思想，利用多个处理器组成的大型系统协同解决同一个计算问题。这样就需要把一个任务分成许多小任务，然后将每个小任务分配给独立的处理机进行计算，最后将其结果返回，汇总得出计算结果，提交给用户。按照时空顺序，并行计算可以在时间和空间上分别进行。顾名思义，时间上的并行就是按照时间顺序进行计算，即流水线技术，而空间上的并行则是利用多个处理器并发来执行计算过程。在研究并行计算技术过程中，最主要的问题是如何实现空间上的并行。在研究该问题时，产生出两种并行机，分别是单指令流多数据流（Single Instruction Multiple Data，SIMD）和多指令流多数据流（Multiplone Instructi on Multiple Data，MIMD）。一般来说，并行处理机的分类如图 1.4 所示。

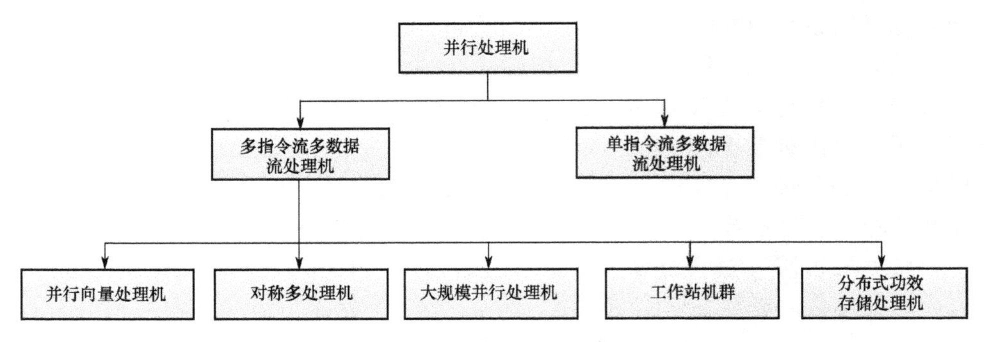

图 1.4　并行处理机分类

2）网格计算

网格计算是分布式计算的一种，利用大量的异构计算机和空闲资源，如存储、CPU 等将其纳入服务器、存储系统和网络组合成的虚拟计算系统中，用来解决大规模计算问题的模型。利用网格技术结合而形成的系统，其物理位置不是固定的。一般来说，网格计算要注意以下几点。

（1）安全性。对于任何一项技术来说，安全性都是至关重要的，对于网格来说更是如此。用户想要进入网格系统或者使用网格资源，必须具有合法身份，且需要通过网格系统的安全认证。

（2）数据管理。对进入网格系统的各类数据进行管理，主要包括数据清理、传输和打包等内容。

（3）资源管理。对网格系统中的各类资源进行管理，在完成各项任务过程中所需要的各类资源网格要十分清楚和了解，方便调用和其他操作。

（4）信息服务。这是从用户角度而言的，对于一个网格系统，要使用户能够方便、快捷地查询网格所提供的各类服务，从而获得相关信息，帮助其更好地享受网格计算带来的便利。

3）云计算

云计算的出现颠覆了人们对传统计算的认识，相比其技术来说它的概念可能更具有革命性的意义。云计算是伴随着大量技术发展形成的，如云存储技术、大规模在线计算技术、新兴网络架构等，可以说是这些条件成熟后的自然产物，是社会经济发展到一定阶段的必然选择。

（1）以网络为中心。网络是云计算依赖的主要环境，各部分组件及整体架构都是通过网络接入的，同样也是通过网络向用户提供各种计算服务的。

（2）虚拟化。云计算与传统计算模式的最大区别就是利用了虚拟化技术。通过虚拟化将传统的网络、计算以及存储资源进行整合，通过相应软件进行处理，从而转化为服务提供给用户。

（3）按需自助服务。用户可以通过开放的接口，根据自身需要自助地得到计算资源，如存储资源、网络资源等。

（4）资源的池化与透明化。从云服务的提供者角度来看，云计算将底层各种资源进行整合，统一进行管理分配，形成资源池。对用户而言，资源池中的资源是透明的，不必知道其内部结构，只关心自己的需求即可。

（5）高扩展性、高可靠性。云计算要提供各种计算服务需要高可靠性的底层架构，同时要能够根据不同需求进行扩展。

1.1.3 存储资源

存储资源就是对网络信息进行存储的各种方式与设备。根据不同的应用环境通过采取合理、安全、有效的方式将数据保存到某些介质上并能保证有效的访问，存储资源由两个方面组成：一是对于信息进行长期或者短期存储的物理介质；二是对信息进行读取的操作模式或者系统结构。对于网络数据有多种存储方式，短期有将信息存储在网页服务器或者缓存中的，长期也有数据库等存储大量数据的方式。

下面从存储资源的演变过程、种类及特性、体系化、网络化结构 4 个方面进行介绍。

1. 存储资源的演变过程

1）基于 Infini Band 的存储系统

基于 Infini Band 的存储系统是一种新型的 I/O 体系结构。性能优于普通的 PCI 总线结构。将网络的思想融入 I/O 体系中，构造了一个基于网络的结构，主机系统通过一个或多个主机通道适配器（HCA）连接到 I/O 交换网上，存储器、网络通信设备通过目标通道适配器（TCA）连接到该 I/O 交换网上。

2）采用 DAFS 技术

DAFS 是将 RDMA 与 NAS 双方的特点融合到一起，提升存储能力，直接通过 DAFS 的用户层 RDMA 驱动器进行读写操作，从而优化了文件传输对于网络的影响。

3）统一虚拟存储

统一虚拟存储指将不同厂商、不同型号的各种存储资源进行整合，构成一个拥有统一规范的、统一管理的公共存储结构。实现将存储资源虚拟化并进行共享。提高了整个存储资源的利用情况，提供了更加优化的服务。

4）基于 IP 的网络存储技术

P-SAN 是采用 iSCSI（Internet Small Computer Systems Interface）协议构架在 IP 网络上的 SAN。iSCSI 协议通过 IP 协议来封装 SCSI 命令，并在 IP 网络上传输 SCSI 命令和数据。在 FC-SAN 结构中，服务器间的消息传递使用的是前端局域网，而数据传输则被限制在后端的存储网络中。

5）远程分布式存储

从远程和网络存储的角度来看，广泛用于高性能计算机中的分布式存储也属于网络内存。利用网络闲置的计算机与闲置的资源，共同构成一个虚拟的存储服务器，实现数据共享。

2. 存储资源种类及特性

1）直连式存储 DAS

直连式存储（Direct Attached Storage，DAS）定义为直接连接在各种服务器或客户端扩展接口下的数据存储设备，是指将存储设备通过 SCSI 接口或光纤通道直接连接到服务器上的方式。它作为服务器的一部分，与服务器的联系十分紧密，服务器上的操作系统、硬件情况、软件系统对它的影响都十分巨大。特别是在大量用户同时访问服务器的情况下，会造成服务器运行效率下降，出现拥塞和延时。而当宽带速率提高时，服务器的运行速度反而会成为瓶颈，限制数据的交互。并且由于和服务器的联系十分紧密，修改和扩充也十分困难。因此，DAS 难以满足现今的存储要求。

2）NAS 存储

网络连接存储（Network Attached Storage，NAS）即将存储设备通过标准的网络拓扑结构（如以太网），连接到一群计算机上，提供数据和文件服务。NAS 能对网络上的各种资源进行存储，是一种专业的资料存储器。虽然功能单一、结构简单，但针对性强、对网络的优化性高。NAS 本身支持多种协议，能够适应不同的操作系统。架构简单、位置灵活、即插即用，具有良好的可扩展性与使用效率。

3）SAN 存储

存储区域网络（Storage Area Network，SAN）是指存储设备相互连接且与一台服务器或一个服务器群相连的网络。SAN 可以定义为以数据存储为中心，采用可伸缩的网络拓扑结构，通过具有高传输速率的光纤通道直接连接方式，提供 SAN 内部任意节点之间的多路可选择的数据交换，并且将数据存储管理集中在相对独立的存储区域网内。使用 SAN 能连接到任何存储器，无论服务器的位置如何，都可以从中直接读取到数据，并且实现了数据存储与物理位置的分离。

3. 存储资源的体系化

由于不同的存储器都有各自不同的特性，并且为了解决存储器容量与数据交互速度之间的矛盾。人们对存储资源进行了体系化，最终形成一种多层次的体系结构。这种多层次的体系结构通常由寄存器、高速缓存（Cache）、主存（内存）、外存（硬盘等）组成，如图 1.5 所示。

最上层是 CPU 中的通用寄存器，计算机直接通过这个寄存器进行指令操作、传送和暂存数据，也可参与算术逻辑运算。具有高效率、容量小、数据变换快、难以长期存储的特点。

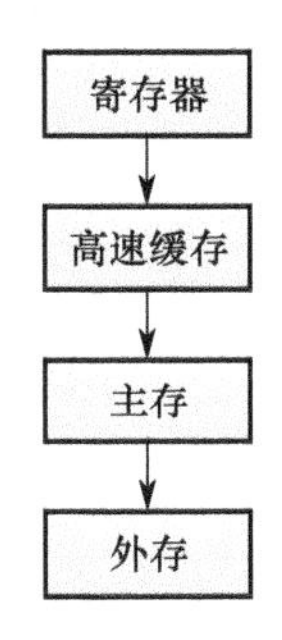

图 1.5 多层次的体系结构

第二层是高速缓存，通常作为连接 CPU 与主存的器件。其作用是解决主存与 CPU 的速度匹配问题。当需要进行数据读取时，首先进入缓存中寻找，找不到再进入内存中寻找。缓存的运行效率高于内存，但容量小于内存。通常计算机中都有多级缓存来提高运行效率。

第三层是内存，也是计算机最重要的部分，决定了计算机的稳定运行，是连接 CPU 与外部存储器之间的桥梁，作用是暂时存放 CPU 中的运算数据。

最后一层则是外部存储器，通常是指硬盘、U 盘、光盘等存储媒介。这些媒介具有巨大的容量，断电后依然能保持数据，适合大量数据的长期存储。

4. 存储资源整体的网络化结构

随着网络技术的发展，一般的集中式存储已经不能满足当下用户的需求了，而存储资源的网络化是必然的趋势。存储资源整体的网络化结构由三部分组成，即客户端、元数据服务器和数据服务器。客户端负责发送读写请求，缓存文件元数据和文件数据。元数据服务器负责管理元数据和处理客户端请求，是整个系统的核心组件。数据服务器负责存放文件数据，保证数据的可用性和完整性。该架构的好处是性能和容量能够同时拓展，系统规模具有很强的伸缩性。具体内容见本书图 4.8。

1.2 逻辑资源

逻辑资源是指人们为了有效利用和管理网络，所构建的各种约定、规程等的集合，主要是对信息收发对象的约定、信息传递路径及节点关系的运行规程。这些规程为开发网络、运行网络、控制网络等提供了服务，支撑了网络的运行。它们在逻辑上构建的多个空间，形成庞大的逻辑资源，包括 IP 地址、DNS、信道、号码资源。下面分别对其进行介绍。

1.2.1 IP 地址

IP 地址是由 TCP/IP 协议提供的一种统一的地址格式，它为网络上成千上万的主机或者路由器都分配了一个唯一的逻辑地址用来进行通信。它是逻辑地址，而不是指实际存在的物理地址。

IP 地址是整个互联网地址其中的一种，它与另一种形式的地址一一对应，那就是域名。假设一个地址的域名为 dizhi.com，那么它肯定有个唯一的 IP 地址。IP 地址一般是由一种用.隔开的数字组成，它们按照一定的逻辑顺序组成，代表不同的含义。IP 地址用二进制数表示，每个 IP 地址长 32 比特，由 4 个小于 256 的数字组成，数字之间用脚点间隔，如 192.168.0.1 表示一个 IP 地址。

网络是通过 TCP/IP 协议进行信息交互和传递，一般来说，每台主机都有一个唯一的标识固定的 IP 地址，用来区别在网络上每个不同的用户和计算机。在同一个网络中，为了区分不同的主机采用一种通用的唯一确定地址的分配方法。以互联网为例，整个互联网相当于一个单一的抽象网络，所以它给每个主机或路由器的网络端口（注意是每个端口而不是每个主机，通常来说路由器都有多个端口，也就意味着它有多个 IP 地址）分配一个世界唯一的 32 位标识符。为了使这种标识符不冲突，用户必须向网络机构进行申请，然后才能获得相应的 IP 地址。

1. IP 地址分类

IP 地址分为 A、B、C、D、E 五类。常用的是 A、B 和 C 三类：A 类地址，允许 27 个网络，每个网络 224-2 个主机；B 类地址，允许 214 个网络，每个网络 216-2 个主机；C 类地址，允许 221 个网络，每个网络 28-2 个主机。IP 地址分类及其结构如图 1.6 所示。

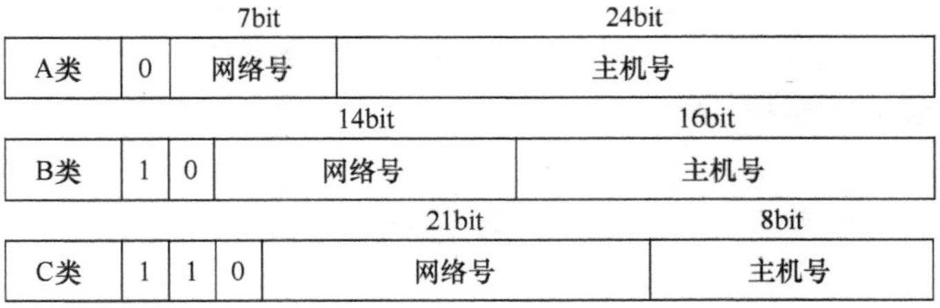

		7bit	24bit
A类	0	网络号	主机号

			14bit	16bit
B类	1	0	网络号	主机号

				21bit	8bit
C类	1	1	0	网络号	主机号

图 1.6 IP 地址分类及其结构

2. 地址范围

A 类 0.0.0.0 ～ 126.255.255.255。

B类　128.0.0.0 ～ 191.255.255.255。

C类　192.0.0.0 ～ 223.255.255.255。

从 IP 地址的发展来说可以分为以下 3 个阶段：

① 分类的 IP 地址；

② 子网的划分；

③ 构成超网。

IP 地址分为两个部分，即网络号（Net-id）和主机号（Host-id）。网络号就是指主机或路由器接入到的当前网络地址，同一网络中所有的地址网络号都相同，而整个网络中网络号不允许出现重复情况。主机号就是指在当前网络每个主机和路由器具体的地址标号，在同一个网络中主机号也不能重复。但是在不同的网络中可以有相同的主机号。因为每个网络号是独一无二的，组合起来在整个网络中 IP 也是唯一的。

IP 地址::={<网络号>,<主机号>}

当然两级的 IP 地址还不够灵活，IP 地址的空间利用率比较低，所以将两段的 IP 地址变为 3 段的 IP 地址，把网络又细分为许多不同的子网。这些子网对外仍然表现为一个整体。

IP 地址::={<网络号>,<子网号>,<主机号>}

最后还有一种分类方式就是无分类编址 CIDR，也就是之前所说的构成超网。CIDR 消除了传统的各种分类及子网的概念，将 32 位 IP 地址又分为了网络前缀以及之后的地址。重新将 3 级 IP 地址变回了 2 级。但这个 2 级却又和之前的两级有所不同。利用斜线记法（CIDR 记法），在整个 IP 地址之后用“/”分隔，后面写上网络前缀的位数。

IP 地址::={<网络前缀>,<主机号>}

目前 IP 协议的版本号是 4（简称为 IPv4），但经过多年的发展，下一代 IP 协议 IPv6 也逐渐开始使用。

IPv6 与 IPv4 相比有以下特点和优点：

① 地址空间。IPv4 中规定 IP 地址的长度为 32；而 IPv6 中 IP 地址的长度为 128；

② 安全性。IPv6 中对数据进行了加密，提高了用户的安全性与数据的保密性；

③ 更小的路由表。IPv6 利用了遵循聚类的原则，减少了路由表的长度，提高了路由表的路由效率；

④ 自动配置。针对 DHPC 协议进行了改进和升级，对网络的控制与管理作了进一步优化。

1.2.2 DNS

域名是指各种企业站点、行业机构、学校科研院所或个人在互联网上的地址，通过在互联网上注册得到一个固定的用于相互交流的地址。

1.2.1 节介绍了 IP 地址，IP 地址全是由.和数字组成。这种方式适用于计算机解析，但不便记忆。所以需要另一种标记地址的方法，其更富有逻辑性、更利于用户记忆，这就是域名。

典型域名如图 1.7 所示。

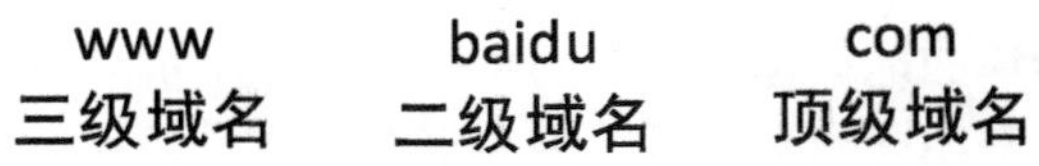

www	baidu	com
三级域名	二级域名	顶级域名

图 1.7 典型域名

域名有以下几种分类方法（图 1.8）。

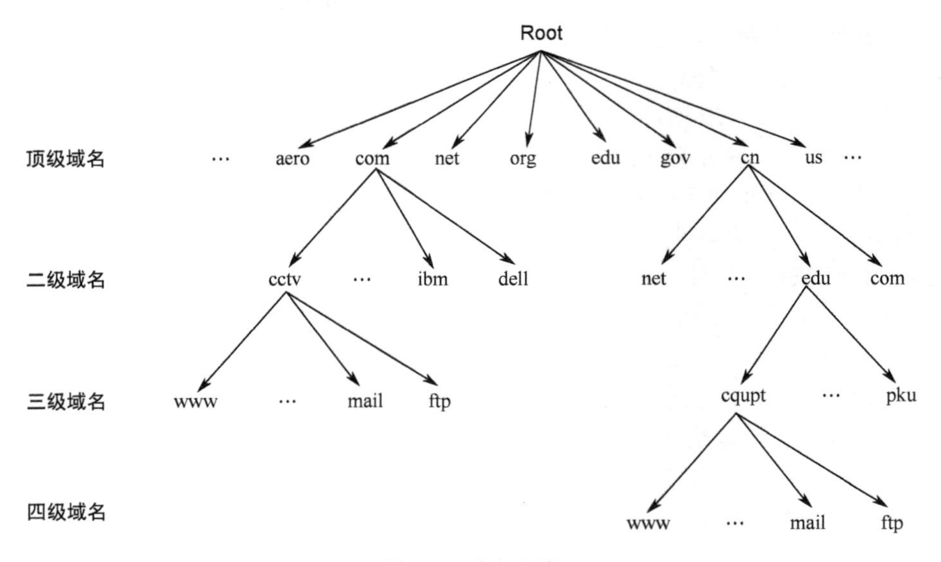

图 1.8 域名分类

（1）企业站点域名。这类站点一般以 com 为一级或二级域名注册，如 http：//www.facebook.com（脸书）。它们一般提供诸如公司总体概况、产品信息、服务信息等为主的初始信息，具有更新及时、动态性强的特点。

（2）行业机构站点域名。这类站点一般以所属上级部门为域名注册，有 com、ac、gov 等，如 http：//www.beian.gov.cn（全国公安机关互联网站安全服务平台）。它们一般是行业信息，系统性、完整性好，主要信息内容有企业名录、市场行情、行业论坛、政策与法规、统计信息等。

（3）信息服务机构站点域名。这类站点一般以 net、com、gov 或行政区域为一级或二级域名注册，如 http：//www.cnnic.net.cn（中国互联网络信息中心），主要提供各类专题信息，如经济类等，广泛开展信息资源的开发与利用服务、网络功能的开发与应用服务，如全文数据库查询、建立搜索引擎等。

（4）学校、科研院所站点域名。这类站点一般以 edu 或 ac 为一级或二级域名注册，如 http：//www.cqupt.edu.cn（重庆邮电大学），主要提供学术性较强的各种信息，如科研活动介绍、学术动态、信息检索、远程教育等。

1.2.3 信道

信道的定义一般分为两类：一类是指信号的传输介质，如双绞线、同轴电缆、光导纤维等有线信道，以及微波中继、卫星通信、红外线激光等无线信道，这种信道称为狭义信道；另一类指的是在整个网络系统传输中可以将各种信号进行加工转换的各种设备，包括路由器、交换机、调制解调器、发送端设备、接收端设备等，只要在信号传输的过程中起一定作用的都把它称为广义信道。

广义信道的功能可以分为两部分，即编码信道与调制信道，如图 1.9 所示。

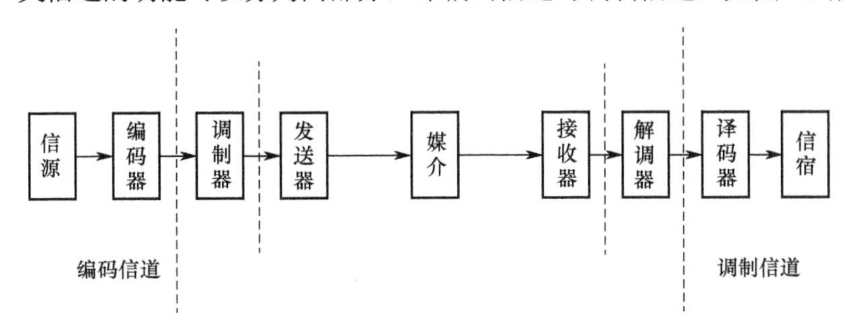

图 1.9　信道

语音信道指的是传输频率为 300～3400Hz 的音频信道。按照两个语音终端之间互连的导线数量可以将语音信道分为二线信道和四线信道。每两个导线可以看作一组导线对。对于二线信道，信息的收发都在一组导线对上传播；而对于四线信道，信息的收发分别在不同的导线对上进行传播。语音信道传播的是模拟信号。

数字信号，顾名思义，就是在信道中传送数字信号。数字信号的分类是采用载体的频率（速度）而言的。常用的数字信道有 3 种，分别是数字光纤信道、数字微波中继信道和数字卫星信道。

1．数字光纤信道

数字光纤信道是以光纤作为传输介质，利用光的全反射特性在信道中传输信息。一般用于传输的光波波长范围为 0.76～15μm，频率范围为 20～390THz。

图 1.10 所示为光纤信道，其中：光发射机的作用是将电信号转换为光信号，由光源、驱动器和调制器三部分完成，将需要发送的电信号转换为光信号，再把已调制的光波加载到光纤中进行传输，同时完成调制和光电转换。光接收机与光发射机相反，是将光信号还原为电信号，由光检测器和光放大器组成。光检测器对光信号接收检测并转换为电信号，再由放大器放大输出。光纤是传输介质和信道，信号就是在这里传输。中继器的作用是：一是将衰减的信号重新放大，二是将失真的信号重新恢复，以保证长距离传输信号的准确性。无源器件的作用是解决不匹配问题。

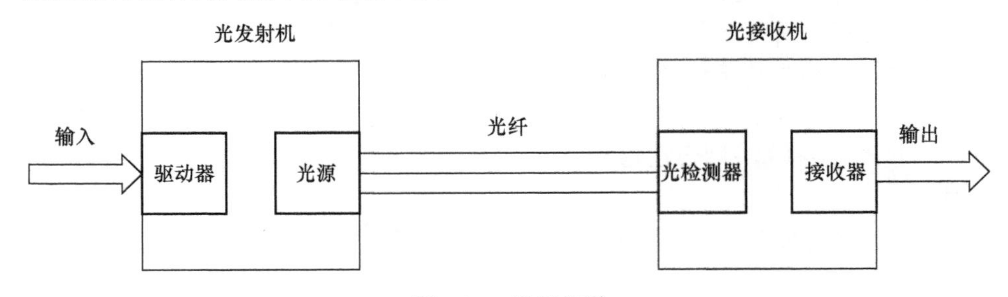

图 1.10　光纤信道

数字光纤通信应用范围广、性质特点多，具体如下。

（1）频带宽，信息容量大。光纤传输频带的带宽可达 20～60MHz，最高可达 10000MHz。因此，光纤信道特别适合宽带信号和高速数据信号的传输。由于光纤的传输频带极宽，因此，其传输容量也极大。

（2）传输损耗小。对于单模光纤来说，每千米的传输损耗为 0.2dB 左右，特别适合远距离传输，目前的光纤信道无中继器传输距离可达 200km 左右。

（3）抗干扰能力强。光纤传输密封性好，有很强的抗电磁干扰性能，不容易引起串音与干扰，无辐射，难以窃听。

2. 数字微波中继信道

数字微波中继信道是指利用频率极高、波长极短的微波（通常频率为 0.3～300GHz、波长为 1m～0.1mm），通过中继站，将微波放大转发、接力式传播的数字信道。其中电磁波的频段分类如表 1.1 所列。通常数字微波中继信道由两个终端站、多个中继站、分路站、枢纽站组成。终端站位于收发两端，主要作用就是进行数据的采集和发送。中继站将接收到的信号进行放大传输，接力式传输到下一个中继站。分路站除了有上述中继站的功能外，还可将信号分成多路传输。枢纽站可以加入新的话路信号或者实现信号的交换。

表 1.1　电磁波频段分类

频段名称	频率范围	波长范围
长波	30～300kHz	10000～1000m
中波	300～3000kHz	1000～100m
短波	3～30MHz	100～10m
超短波	30～300MHz	10～1m
分米波	300MHz～3GHz	100～10cm
厘米波	3～30GHz	10～1cm
毫米波	30～300GHz	1cm～1mm
红外线	＞300GHz	＜1mm

数字微波中继信道具有传输距离长、损耗小的特点，具体如下。

（1）微波具有很广的传输带宽，是其他几个主要波形带宽的总和的上千倍。

（2）微波中继信道由于波长短且是无线传输，所以比较容易通过有线信道难以通过的地区，如湖泊、高山和河流等，所以适合作为一些应急通信的信道来使用。

（3）微波信号不受天电干扰、工业干扰及太阳黑子变化的影响，但是受大气效应和地区效应的影响。

3. 数字卫星信道

数字卫星信道由地面端、用户端和卫星端组成，类似于微波中继信道的系统模式。地面端在地面进行信号的采集与发送；卫星端在卫星上，通过卫星实现中继功能；用户端就是用户所使用的终端，也就是接收端。

数字卫星信道与其他信道相比，具有以下特点。

（1）覆盖面积大，通信距离远，理论上来说可以全球覆盖。

（2）传输稳定，通信质量高。由于卫星通信的电波主要是在大气层以外的宇宙空间传播，而宇宙空间是接近真空状态的，所以电波传播比较稳定。

（3）受周期性的多普勒效应影响，易造成数字信号的抖动和漂移。

1.2.4　用户编码

用户编码又称为号码资源，号码资源是逻辑资源的一个重点资源，也是整个网络的重要组成部分。要建立一个完整的电信网，号码资源是必需的。所以，这也是要重点规划的一种逻辑资源。类似于 IP 地址，号码资源也是一种抽象标识，不同的用户之间想要通话需要号码资源，不同的业务之间建立联系也需要号码资源。

随着技术的发展，号码资源从电话资源到网络电话资源等经过了长时间的更新。但不可否认的是，号码资源最早还是应用在用户的电话号码上的，而这时借助这一载体让号码资源的价值体现出来。现在不同的用户都有一个全网络唯一确定的以阿拉伯数字表示的一个号码。

用户号码由多部分组成，一般都由前 2～4 位的局号和之后的用户号组成。由于用户号没有具体限制，所以局号之后的用户号无论多少位都是用户号。例如，号码 123456，前面 123 是局号，后面 456 就是 123 局的 456 号用户。

由于现代网络的融合特性，各个不同国家、不同地区的电信网络已经紧密地结合在一起。世界上不同国家不同地区之间的用户都能够十分便利地利用现代电信网络进行长距离通信。而且，与同一国家不同地区或者同一地区的通话质量并没有多少降低。但是由于地区之间的号码有可能重复，而在电信网上每个用户的号码必须唯一，所以在拨打国际长途电话时，必须在对方国家的长途区号前再加拨国家或地区代码作为区分，它类似于区号。

一般来说，为了统一标准以方便管理，国际电话网络的国家或地区代码并不是各个国家自己确定的，而是由国际电话电报咨询委员会（Consultative Committee International Telephone and Telegraph，CCITT）确定的，该委员会根据国际电话网络结构，提出一套国际电话的国家和地区代码方案。而各国的相关部门都根据这个方案设置国际电话路由方向。国际电话电报咨询委员会于 1992 年改组为国际电信联盟（International Telecommunications Union，ITU）。例如，我国的国家代码是“86”，表 1.2 所列为部分国家和地区的号码代码。

表 1.2　部分国家和地区电话代码

国家或地区	代码	国家或地区	代码	国家或地区	代码	国家或地区	代码
马来西亚	0060	印度尼西亚	0062	菲律宾	0063	新加坡	0065
泰国	0066	文莱	00673	日本	0081	韩国	0082
越南	0084	朝鲜	00850	中国香港	00852	中国澳门	00853
柬埔寨	00855	老挝	00856	中国	0086	中国台湾	00886
孟加拉国	00880	土耳其	0090	印度	0091	巴基斯坦	0092
阿富汗	0093	斯里兰卡	0094	缅甸	0095	马尔代夫	00960
黎巴嫩	00961	约旦	00962	叙利亚	00963	伊拉克	00964
科威特	00965	沙特阿拉伯	00966	阿曼	00968	以色列	00972
巴林	00973	卡塔尔	00974	不丹	00975	蒙古	00976
尼泊尔	00977	伊朗	0098	塞浦路斯	00357	巴勒斯坦	00970
阿联酋	00971	也门	00967				

1.3 信息资源

毫无疑问，信息作为一种资源，因为它在网络上的运行及应用，才有网络存在的必要，也是网络存在的条件。它是网络系统最本质的核心，传输、计算和存储都是对它的加工和处理，而逻辑资源的构建都是为了使这些加工可以有序、有效、安全地进行。

万物都是可以用数字化形式表达和描述的，抛开数字位（bit）、数据字节（byte），信息主要表现形式为数据文件（静态结构化信息）和流（动态结构化信息）。下面分别加以介绍。

1. 静态结构化信息

对于静态结构化信息，它们的存储内容一般不会随着程序的运行而改变，因此也被称为静态数据结构。静态结构化信息在创建之初已经被确定了存储内容与位置，并且在很长一段时间内都不会改变，通常一个数据文件就作为一个整体。平时用来说明历史情况的，即用数字资料、文字描述来反映已经发生的各种活动状况的文件就是数据文件。比如：一个单位的名称、员工信息、系统参数，一个网站的历史日志，一个图书馆的信息资料等。静态结构化信息具有以下特点。

（1）数据量大。它一方面给用户选择提供了较大余地；另一方面，大量的毫无价值的冗余信息也给用户造成了很大的麻烦。

（2）种类繁多。在网络信息中，互联网的信息资源几乎无所不包，而且类型丰富多样，如学术信息、商业信息、政府信息、个人信息等。除文本信息外，还包含大量的非文本信息（如图形、图像、声音信息等），也包括全文信息。呈现出多类型、多媒体、非规范、跨地域、跨语种等特点。

（3）分布开放，内容之间关联程度强。一方面由于网络信息资源分布分散、开放、显得无序化；另一方面由于网络特有的超文本链接方式，使得内容之间又有很强的关联性。

2. 动态结构化信息

动态结构化信息通常反映某项工作、活动的进程或某一事件发展变化情况的信息。动态结构化信息的内容着重说明已经发生或正在发生的客观情况。互联网的出现，产生了大量的动态结构化信息，如在语音或视频传输中的语音流与视频流。动态结构化信息具有以下几个特点：

（1）变化性强。它是指动态信息应随着事物、事件的发展变化而采写信息，追踪事件的全过程及其每个重要的变化细节，这是一个连续、完整的过程。忽略动态信息的变化性、连续性和完整性，不可能全面反映事物发展变化过程，将导致贻误战机，甚至造成损失。

（2）范围广泛。一切客观事物都处在不断发生、发展和变化之中。而它在某一时间和空间内发展变化的情况，以信息的形式反映出来就是动态信息。因此，动态结构化信息也具有广泛性，它反映的形式多种多样，所涉及的领域包罗万象，如社会动态、工作动态、重大活动以及思想动态等。

（3）时效性高。它是动态结构化信息的生命。没有时效性，动态结构化信息也就失去了价值，这是其突出的特点之一。客观事物处在不断的运动变化之中，动态信息作为客观情况特别是运动变化情况的反映，必须及时。因此，动态结构化信息的价值取决于它的时效性，把握住这一点也就掌握了动态信息的关键。

1.4 资源匹配

对于任何一个网络而言，其资源必须是相互匹配的，无论数量多少都需要相应的控制机制。认识到这一点对于网络的管理者、规划者和设计者是非常重要的，因为网络资源的不平衡不但造成大量的资源闲置和浪费，同时也会引起网络性能的下降。本节就将介绍各种资源之间的关系以及如何去匹配不同资源。

1.4.1 资源关系

近几十年来，网络获得了飞速的发展，越来越多的用户进入了网络。随之而来的新的访问需求和业务需求也在逐渐提升。而传统网络的问题也越来越多地暴露了出来，如网络质量下降、消息传递丢失等。为了应对这些问题，一方面提升网络设备的硬件条件，用以负载更大的网络需求；另一方面解决参数匹配问题。将介绍关于网络资源的匹配问题。

由上可知，网络资源分为 3 类，即处理资源、传输资源、存储资源，这三类资源的相互关系与连接方式决定了提升网络效率的空间。经研究发现，网络上的很多问题和现象都是因为网络资源的不匹配引起的，因此很多人正致力于在一定的资源条件下对网络性能的极大化进行研究。在满足某种信息传递需求和合理资源匹配关系的情况下，充分利用技术条件将资源价格的极小化是研究者、管理者追求的目标。

总之，网络必须拥有传输、处理和存储等三方面的能力和物理资源，以及拥有相互匹配的协调关系，底层的物理资源也必须与上层的逻辑资源进行配合，才能使网络可靠而优化地运行。

1.4.2 资源均衡匹配

1. 传输与处理

传输与处理资源匹配就是以传输为核心，利用各种处理资源技术将信息以高效、可靠的方式进行传递。主要考虑如信道容量、信噪比、编码方式等参数以及几个参数之间的关系。本节将会考虑流量控制与拥塞控制这两方面，对传输与处理资源进行匹配。

1）流量控制

接收方发送信息给发送方，让发送方减小发送的速率。这是单条链路之间的事情，主要控制的是端对端的通信问题。

对于流量控制，发送方的速率与接收方的速率不能差得太多；否则就会造成资源的浪费。一般来说，流量控制有两种：一种是固定的窗口；另一种是滑动的窗口，这个窗口大小应根据传输数据量的情况变化。对所有数据帧按顺序赋予编号，发送方在发送过程中始终保持着一个发送窗口，只有落在发送窗口内的帧才允许被发送；同时接收方也维持着一个接收窗口，只有落在接收窗口内的帧才允许接收。这样通过调整发送方窗口和接收方窗口的大小可以实现流量控制。接收方设备根据发送方的情况来改变接收窗口的大小，接收方收到数据之后会对数据的情况进行分析，并返回一个下次应该收到的数据长度。如果数据造成了拥塞，则接收方会缩减收到窗口的大小，当接收方设备要求窗口大小为0时，表明接收方已经接收了全部数据，或者接收方应用程序没有时间读取数据，要求暂停发送。如果接收方接收到的数据还有空余就会增大窗口并返回给发送方。如果发送方接收到的窗口长度为 0，则停止继续向接收方发送数据。

当然也会出现意外情况，当某段数据在传输过程中丢失了，接收方在等待接收，而发送方又一直在等待回复数据，这样就会出现互相等待，进入死锁。为了解决这个问题必须设定一个定时器。当长时间进入死锁后，就发送一个零窗口的探测报文段，这样就可以解除死锁。

2）拥塞控制

同样是接收方发送信息给发送方，通知发送方网络此时繁忙，让发送方减小发送的速率。这是整个网络的事情，是个全局性的过程，涉及主机、链路、交换机、路由器等网络中方方面面的因素。

拥塞是指对网络中某一资源的需求超过了该资源所能提供的所用部分，这样网络的性能就要降低，当多种资源同时出现拥塞情况时，整个网络的性能和吞吐量就会随着输入的增多而急剧下降。而拥塞控制就是防止过多的数据注入到网络中，这样可以使网络中的路由器或链路不致过载。

引起拥塞的情况往往很多。例如，当某个信息从传输到达存储位置时，因为存储控制分配效率低下或者空间容量太小，都会出现数据在缓冲区等待或者因无法被分配到空间进而被舍去的情况，这时有的人就会说，如果增加存储容量，不就解决了问题了吗？事实上并没有这么简单。因为虽然提高了容量但是传输速率没有相应匹配，处理能力没有相应提高，依然会出现排队情况，而长时间的排队就会出现拥塞或者数据丢失。由此可见，单纯地增加容量不仅不会解决网络拥塞问题，反而会增大空间浪费。

一般来说，拥塞控制可以分为开环控制和闭环控制两种。开环控制就是在设计网络时事先将有关拥塞发生的所有因素考虑周到，一旦系统运行起来就不能在中途改正。

闭环控制是基于反馈环路的概念，包括：监测网络系统以便检测拥塞在何时何地发生；把拥塞发生的信息传送到可采取行动的地方；调整网络系统的行动以解决出现的问题。

拥塞控制有 4 种算法，即慢开始（Slow-start）、拥塞避免（Congestion Avoidance）、快重传（Fast Restrangsmit）和快回复（Fast Recovery）。

网络系统应该将各种资源整合在一起，通过一种方式让它们相互配合、相互协调，最后统一实现网络功能。物理资源从底层入手，配合整个信道的传输、处理、存储，是其他资源能够正常运行的平台、是基础。而逻辑资源与上层进行结合，与上层协议和结构相互配合，面向用户，通过这些形成一个逻辑的、整体的、通用的网络。

2. 处理与存储

存储与处理的匹配主要是对内存和 CPU 搭配的基本原则，特别是服务器或者一些终端的搭配问题，只有将两者良好匹配才能高效地运行。

为了达到存储与处理之间的平衡而不至于浪费资源，下面从 CPU 和内存的角度介绍了 3 种应该遵守的基本原则。

（1）工作频率同步。即内存的工作频率要与 CPU 的外部频率一致或者近似。不能一味地增加内存的工作频率，这样会出现“过载”现象。如果出现这种情况，内存为了保证自己的安全会停止工作，就是一般所说的死机或者蓝屏。当然也不能让内存的工作频率太低，这样虽然可以让内存稳定工作，但却让资源极大浪费。

（2）传输带宽匹配。即内存的数据带宽要与 CPU 的前端总线带宽一致或者近似。无论哪一边的带宽不匹配，资源的效率就会限制在带宽较小的那一部分，从而造成浪费。

（3）进行调控。由于以上两个条件不一定会满足或者说不一定会一直满足，还需要利用硬件或者软件进行调控。调控方法主要是异步设置。由于本身的重要性不同，所以在调控中优先保证第一条，再灵活处理第二条。

另外，当讨论内存与CPU如何搭配时，还有以下几个注意事项。

① 系统的内存核心频率必须要小于CPU的外频，这样才能正常工作；否则内存会出错，甚至蓝屏死机。

② 当进行内存与CPU搭配时，需要了解CPU的外频频率，但不关心主频频率。

③ 当进行内存与CPU搭配时，需要了解内存与CPU之间的关系，不必考虑主板。

④ 内存的异步就是使内存的频率返回它能正常工作的频率，一般是指降频。但是，频率降下来的后果就是速度变慢和带宽变窄。所有主板都支持内存异步运行，只是支持的程度不同。

⑤ CPU的核心数量与内存的匹配并没有直接联系。

3. 存储与传输

传输与存储的匹配主要就是对传输带宽与I/O读取能力进行的匹配。这是两个衡量存储设备性能最基本的概念，明确地区分两者也是对如何管理存储与传输之间如何匹配的基础。

大文件持续传输型的应用需要的是充分的带宽性能，而小文件随机读写的应用则要求足够的I/O能力。一般来说，可以将1MB以上的文件称为大文件，相应1MB以下的就是小文件。如果在一个系统中，大多数资料文件都在几MB到几百MB之间，那么重点就要考虑存储带宽的性能。相反，如果一个系统中大多数文件都是如临时文件、邮件信息等小规模文件（小于1MB），那么更关心它的每秒读取能力，而不是传输能力。

当然，这些仅仅是一些简单的数值分析。对于这些指数只有在理论上最佳情况下才能达到。但是在实际运用中由于许多外界干扰、硬件限制等问题，最后表现出来的存储传输能力还是与之前的理论指数有很大差距。

第2章 网络系统结构与网络规划

2.1 网络系统结构

在计算机领域，网络是一种完成信息传输、接收和共享的虚拟平台，并将散布在各处的信息联系到一起。网络通过筛选和挖掘，提炼出有用的信息，从而实现信息的获取和共享。多个独立工作的工作站或主机，通过物理链路连接在一起协同工作构成一个网络整体。通过网络设备和通信线路，将处在不同地理位置和具备独立工作能力和功能的计算机系统连接在一起，而且以功能强大的网络协议和网络操作系统实现信息交换和共享的系统都是网络。

建立网络的目的是希望通过网络完成通信活动以及在通信活动基础上的应用行为。网络的发展，是由于人们对网络提供的信息通信服务种类越来越多、服务质量需求越来越高，是人的需求刺激推动了网络及相关技术的快速进步。所以，研究网络业务及应用的规划及控制不仅是掌握网络系统所必需的，而且也会给把握网络的发展方向提供支持。

2.1.1 网络系统的构成

网络系统是一个非常庞杂的系统，它由许多子系统或网络元素组合而成。因为它包含了所有的网络设备（软件、硬件）和大量的规程、标准和约定，从理论上和技术上都非常复杂。

这里所说的网络，不是特指电信网，也不是计算机网，更不是广播电视网等，它是用于信息传递网络所有共性的总称，包括计算机网、电信网、互联网甚至广播电视网等，从这个意义上来说，所涉及的网络问题是具有广泛性、综合性和整体性的。

信息通信网络的任务就是向用户提供业务和应用。良好的通信业务和应用，可以使用户获益，带来通信上的方便和乐趣，克服距离上的阻隔，也会对社会文明、经济与文化的发展带来不可估量的影响。与此同时，业务与应用也可以使信息服务提供商获得收益，提供商提供的业务和应用越多，收益也就越大。

按网络的结构，可以将网络基本分为传输、转接和接入三类。但是只有这些设备还不能形成一个完善的通信网，还必须包括信令、协议和标准。从某种意义上说，信令是指网络节点之间相互连通性的依据，协议和标准就是指构成网络的准则。它们三者之间共同作用就使得用户与用户、用户和网络资源以及各个交换设备之间互联，使得设备进网、成网。

网络硬件主要有网络服务器、网络介质、网络适配器、中继器、集线器、网桥、交换机、路由器、调制解调器等。网络软件主要分为两类，即网络协议和网络操作系统，网络协议由相关组织制定，主要协议有ISO/OSI七层参考模型、TCP/IP协议族和IP地址等。网络操作系统的构成如图2.1所示。

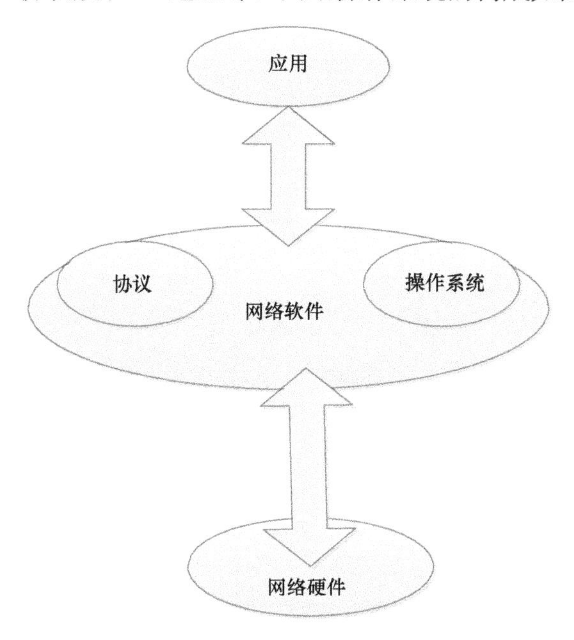

图2.1　网络操作系统的构成

2.1.2　通信网

1. 通信网的构成

通信网提供的业务极为广泛，通常与其他的实际应用系统有很多相似之处。例如，电缆电视或广播电视这样的通信网，它所进行的信息分配类似于为用户服务的供水供电系统。经通信网络可以访问的综合信息，类似于管道或回收系统，能够将来自用户的各种材料汇集起来。另外，通信网在应用上具有极大的灵活性，在这方面很像交通运输网络，通信网与运输网已经成为社会的基础设施，这两类网络提供了广泛、灵活的互联性。由于有了运输网，人员和货物可以流动，同样，有了通信网信息才可以四通八达。有了这两种网络，才可能发展多种新业务，如邮寄业务的发展需要好的运输系统、电子邮件业务的发展需要高效的通信网。图2.2所示为典型的通信网络结构示意图。

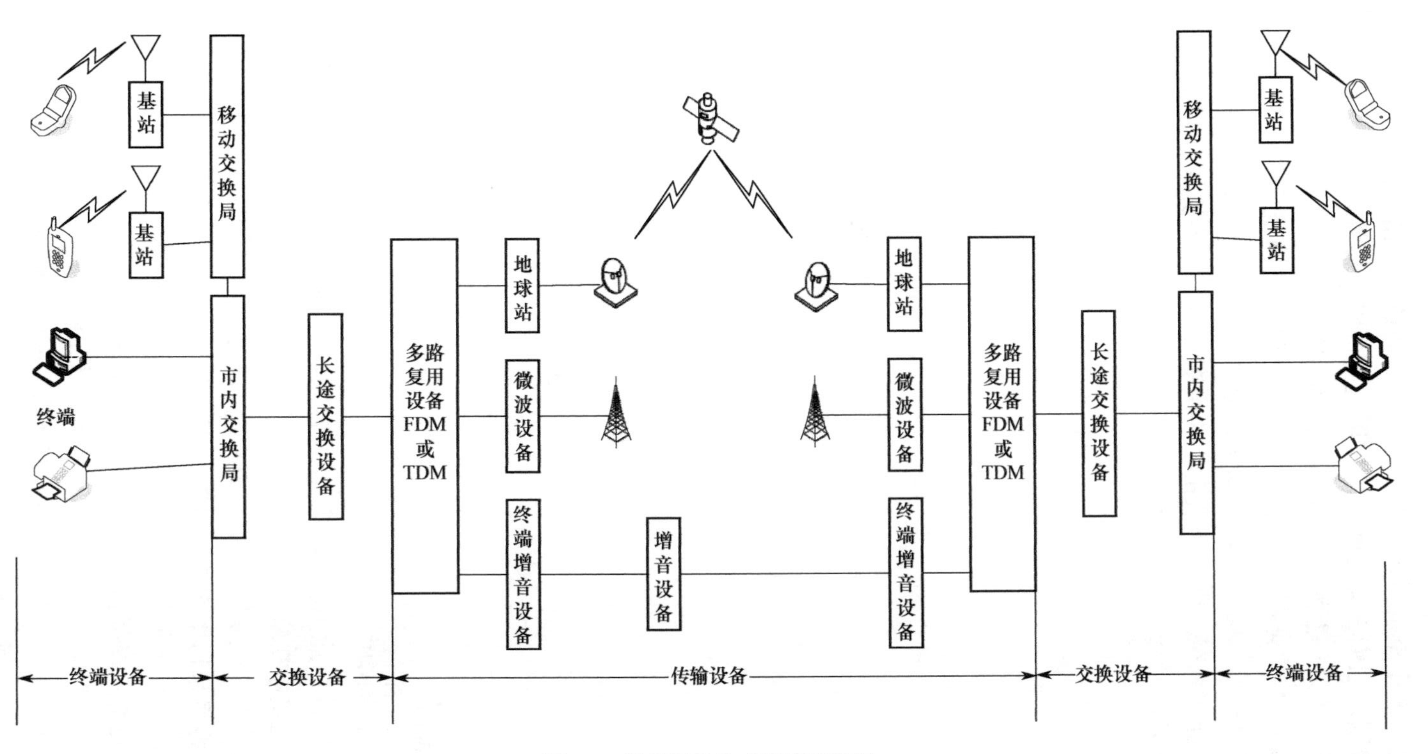

图 2.2　通信网络构成要素示意图

2.1.1 节中介绍通信网中网络基本元素分为传输、转接和接入 3 类系统。每一类系统都不仅包含了硬件平台、操作系统（过于简单的系统或许没有）、功能软件 3 个方面或 3 个层次，它们之间还具有图 2.3 所示的相互关系。

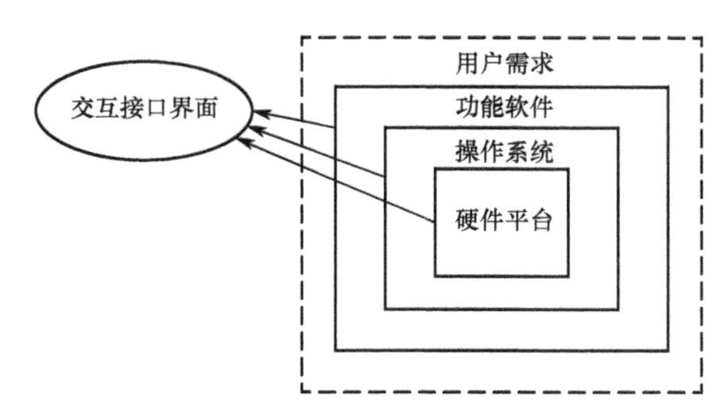

图 2.3 网络元素的基本结构

通信网具有非常高的传输速率，使用户几乎可以在瞬间收集到很多信息，并且通过计算机又可以立即在遥远的地方进行操作。这两种能力构成了现有很多业务和未来无数网络业务的基础。

业务与应用是在不断发展的，历史上由于技术的限制，有些通信方式的业务质量是很差的，如电报等，它们都已经在发展中消失，被现代数据通信所取代。历久不衰的要数电话，尽管所用的技术已经经历几代的变化，但至今仍是人们进行通信的主要手段之一。然而在今天，以电话业务为通信业务主体的情况也在改变之中。

目前环境下，业务和应用正由于互联网和移动技术的引入而在发生着显著的变化。移动通信的数量已经超过常规的固定通信，个人通信正在变成现实，可视电话取代常规电话的现实性已经展现，固定网络和移动网络正在走向融合。以电话为主的应用已经向多媒体应用发展，数据通信的比例正在不断增大，内容的提供已经成为信息通信行业的一个重要方面。信息业的产业链正在形成与迅速发展之中，信息通信正在促进全社会的信息化，深入到人类活动的方方面面。

面对这种变化，一方面人们面临着巨大的发展潜力，另一方面产业中的竞争也日益加剧。一些企业会由于一些适时的技术、一些广为用户欢迎的服务与应用迅速发展起来；与此同时，另一些企业由于决策失误而日渐衰落。在所有的发展决策中，业务和应用的决策是至关重要的。一个好的业务与应用会带来巨大的商机，会促进技术的发展。而一个新的技术却未必这样。道理很简单，企业收入源于用户，而用户需要的是业务与应用，至于这些业务与应用是如何提供的，不是用户所关心的。因此，如何合理地、有步骤地规划与控制管理新业务和新应用，如何通过促进信息产业链的发展来促进新业务和新应用的发展是值得研究的重大课题。在这一点上用户是至高无上的。只有很好地满足用户的需求，才能从用户那里得到回报；否则不管新业务与新应用多么“新奇”和“美妙”，也是不会得到好效果的。

2. 传输系统

网络传输是指通过大量的物理传输介质（光纤、双绞线等）经过电路进行调整变化，根据网络间的传输协议来进行通信的过程。网络中发送方与接收方之间会形成物理通路，也就是网络传输需要介质，它对网络间的数据通信会产生或多或少的影响。传输系统（Transmission Systems，TS）作为数据通信系统中的一部分，起着将通信系统中的发送方和接收方连接起来的作用，它可以是直接连接在一起，也可以是通过一个或者多个网络系统进行连接。

传输系统把语音、数据、图像等多种类型的信息以电信号的形式传输，再经过调制，把频谱调整到适合于在某种介质内传输的频段，并转成一种有利于传输的电磁波传送到对方，再经解调还原为电信号，即包括调制—传输—解调全过程的通信设备的总和。传输系统，可以充当信道负责连接两个终端设备以构成电信系统，也可以充当链路负责连接网络节点的交换系统以构成电信网。

传输系统在传输信号过程中，会受到导致信号质量变差的干扰（如衰减、噪声、失真、串音、干扰、衰落等）。为了不断提高传输质量、扩大容量，并在技术、经济方面取得优化效果，传输技术必须不断地发展与提高。图 2.4 所示为网络传输系统的示意图。

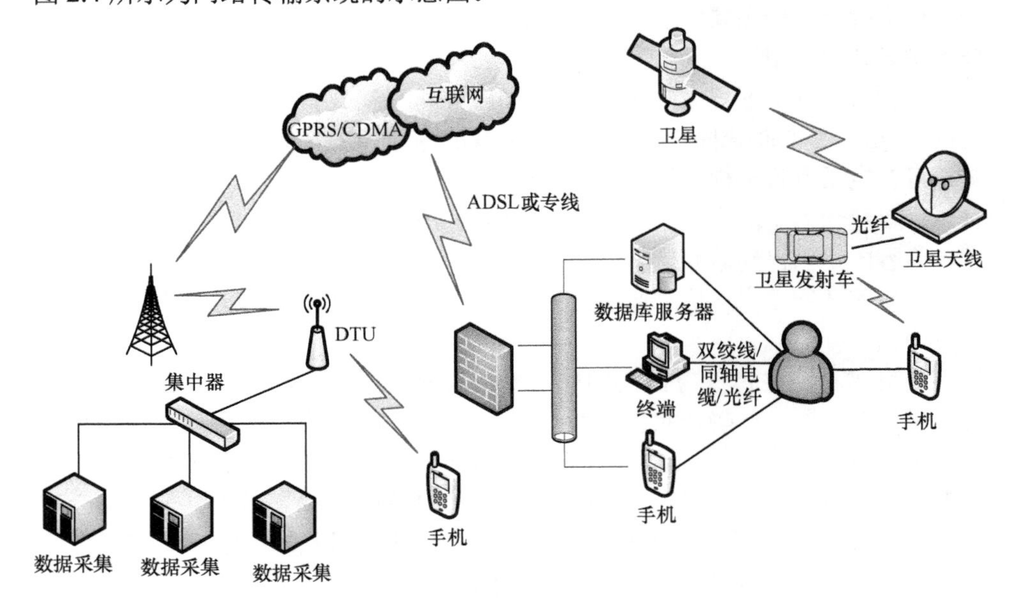

图 2.4　网络传输系统示意图

传输系统是由负责处理传输信号和分配信道的终端设备加上传输线路所构成。一个网络中可能具有若干不同的这种传输系统，不同的传输系统可能同时出现在任何的两个交换节点之间，有时人们将交换节点之间由传输系统所组成的更庞大、更复杂的系统称为传输网络。但就实质而言，它仍是网络的一部分、网络的一个组成元素。

传输系统分为同步传输系统和异步传输系统。异步传输系统是根据传输时信息的接收方和发送方通过对所传信息的确认应答信号来完成信息传输的，它只与信息传输的正确性有关，这种方式由于其信息传输效率低和控制复杂，一般不作为网络交换节点之间的传输方式。同步传输系统是信息接收和发送双方利用统一的时间信号作为同步信号来约定信息的接收和发送，这种方式是基于传输线路和控制系统具有相当可靠性的前提下采用的，其传输效率高且控制简单，目前的网络中大量采用了同步传输系统方式。因此，本书主要介绍同步传输系统。从网络的角度来看，网络的同步包含了传输系统和交换系统的时间信号同步，这些时间信号及传输线路可以构成网络，称为同步网络。

信道方式只有两种即有线和无线；而传输系统就有很多种，其差别在于传输系统的端设备具有不同的结构，即从硬件平台到操作界面的各个方面都有不小的差别，这就构成了传输设备的多样性。另外，就同一制式的传输系统来看，不同厂家的端设备在不同层次有不同的实现方式也是构成传输系统多样性的原因。在同一网络中，传输系统的多样性会增加网络的运行、管理成本及故障率，并且会降低网络的传输效率。随着传输技术的不断进步和对网络的不断认识，人们也开始重视传输系统在组网中的一致性问题，所以形成了目前占主导地位的传输系统。

2.1.3 拓扑结构

1. 基本拓扑结构

网络的拓扑结构有很多种，但基本拓扑结构只有图 2.5 所示的 3 种，即总线结构、星型结构、环型结构，其余网络拓扑结构可从这 3 种结构演变而来。

下面就对这 3 种基本结构进行分析。

1）总线拓扑结构

使用信道作为传输介质，通过相应的接口直接连接到一个公用传输媒体的所有站点，即总线上。任何一个站点发送的信号都会在传输媒介上传播，并被所有其他站点所接收。

总线拓扑结构是一种共享路径的物理结构。在这种结构中，总线具有信息的双向传输功能，通常用于局域网的连接，一般传输介质采用同轴电缆或双绞线。

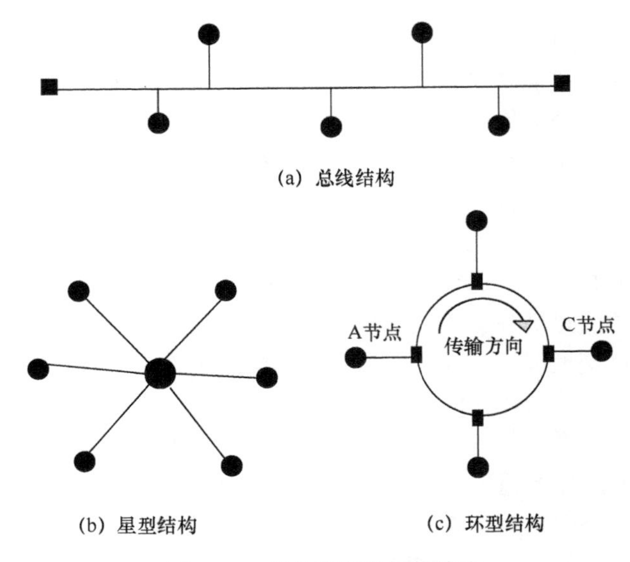

图 2.5　3 种典型网络拓扑结构

总线拓扑结构的优点如下：

（1）总线结构所需要的电缆数量少；

（2）总线结构简单，又是无源工作，有较高的可靠性；

（3）易于扩充，增加或减少用户比较方便。

总线拓扑的缺点如下：

（1）系统范围受到限制。同轴电缆的工作长度一般在 2km 以内，在总线的干线基础上扩展长度时，需使用中继器扩展一个附加段；

（2）故障诊断和隔离较困难。因为总线拓扑网络不是集中控制，故障检测需在网上各个节点进行，使检测增加了难度。如故障发生在节点，则只需将该节点从总线上去掉。如传输媒体故障，则整个这段总线要切断；

（3）分布式协议不能保证信息的及时传送，不保证实时功能；站点必须是智能的，要有媒体访问控制功能，从而增加了站点的硬件和软件费用。

总线结构在早期的计算机局域网中是应用非常广泛的，这种结构自身是可以互连或叠加组合的，使得该结构有更多的应用和更大的范围，如图 2.6 所示。

2）星型拓扑结构

如图 2.5 所示，星型拓扑结构是由中央节点和通过点到点通信链路接到中央节点的各个用户节点组成。中央节点执行集中式通信控制和信息处理策略，因此中央节点相当复杂，而各个用户节点的通信处理负担一般较小。现有的数据处理（如计算机网络等）和语音通信（如电信网络等）的信息网大多采用这种结构。一旦建立了通道连接，就可以无延迟或极小延迟地在连通的两个节点之间传送数据。

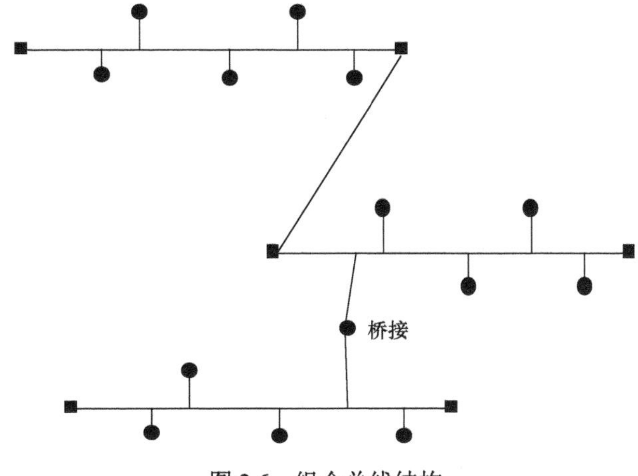

图 2.6　组合总线结构

通常星型拓扑结构以主节点为中心，用户或服务器节点都是从节点，数据从每个从节点传输到主节点，然后由主节点传输到目的节点。因此，星型拓扑结构具有以下优点：

（1）组成的网络系统稳定、可靠，中央节点对连接线路可以一条一条地隔离开来进行故障检测和定位。单个连接点的故障只影响一个设备，不会影响全网；

（2）结构与控制简单，易于安装和维护，由于任何一站点只和中央节点相连接，因而媒体访问控制的方法很简单，致使访问协议也十分简单；

（3）具有良好的可扩展性和伸缩性。

星型拓扑的缺点如下：

（1）电缆长度和安装工作量可观，因为每个站点都要和中央节点直接连接，需要耗费大量的电缆，安装、维护的工作量也骤增；

（2）中央主节点的负担加重，形成可靠性和处理能力瓶颈，一旦发生故障，则全网受到影响，因而对中央节点的可靠性和冗余度等的要求很高；

（3）各站点的分布处理能力较少。

3）环型拓扑结构

环型拓扑结构由节点和连接节点的链路组成一个闭合环，如图 2.5 所示。每个节点都能够接收从一条链路传来的信息，并以同样的速度串行地把该信息沿环送到另一端链路上。这种链路可以是单向的，也可以是双向的。

单向环型网络实例如下：在该拓扑结构中信息只能沿一个方向传输，信息以分组形式发送，如图 2.5（a）中 A 节点要发送一个信息给 C 节点，那么要把信息分成若干个分组，每个分组包括一段原始信息再加上某些控制信息，其中包括 C 节点的地址。A 节点依次把每个分组送到环上，开始沿环传输（一个确定的传输方向），C 节点识别到带有它自己地址分组时，将它接收下来。由于多个设备连接在一个环上，因此需要用分布控制形式的功能来进行控制，每个节点都有控制发送和接收的访问逻辑。

环型拓扑优点如下：

（1）电缆长度短，环型拓扑网络所需的电缆长度和总线拓扑网络相似，但比星型拓扑网络要短得多；

（2）增加或减少工作站时，仅需简单连接。

环型拓扑的缺点如下：

（1）节点的故障会引起全网故障，这是因为在环上的数据传输是通过接在环上每个节点，一旦环中某一节点发生故障就会引起全网故障；

（2）检测故障困难，这与总线拓扑相似，因为不是集中控制，故障检测需在网上各个节点进行，故障的检测就不很容易；

（3）环型拓扑结构的媒体访问控制协议多采用令牌传递的方式，在负载很轻时，其等待时间相对较长。

随着传输技术、通信控制技术以及软件技术的进步，完全可以将环型拓扑结构组合起来，形成多环优化结构，避免单环结构的不足，实现网络的高速高效通信。特别是高速光纤传输技术的出现，使得环型网络拓扑结构得到了广泛应用。图 2.7 所示为一种多环拓扑结构。这种多环结构是一种在计算机网络、电信网络等网络中应用极为广泛的拓扑互联结构，特别是用在光纤构建网络传输系统中。

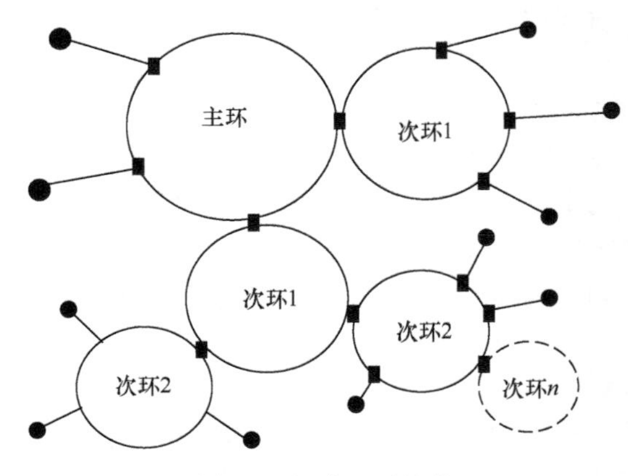

图 2.7　组合环型结构

2. 互联结构

单一拓扑结构的网络相对较少。实际中更多的是用网络拓扑结构来满足各种各样的网络建设需求，因此必须要根据实际情况利用基本的网络拓扑结构和相应的网络传输技术进行网络拓扑结构的设计，也就是拓扑结构的组合。

利用基本拓扑结构进行组合得到的拓扑结构称为互联结构，它分为单一组合互联结构和混合组合互联结构两类，前者只是一种基本结构的组合，后者是不少于两种基本结构的组合。下面介绍几种常见的网络拓扑组合互联结构。

1）树型拓扑结构

树型拓扑是从总线拓扑演变而来的，即星型结构+星型结构，其形状像一棵倒置的树，顶端是树根，树根以下是分支，每个分支还可再带子分支。树型拓扑的优、缺点大多和总线的优、缺点相同，但也有一些特殊之处。

树型拓扑优点如下。

（1）易于扩展。从本质上讲，这种结构可以延伸出很多分支和子分支，这些新节点和新分支都较容易地加入网内。

（2）故障隔离较容易。如果某一分支的节点或线路发生故障，很容易将故障分支和整个系统隔离。

树型拓扑的缺点是各个节点对根的依赖性大，如果根发生故障，则全网不能正常工作，从这一点来看树型拓扑结构的可靠性与星型拓扑结构相似。这种结构在电信行业和广电行业应用极为普遍。

2）混合型拓扑结构

将某两种或两种以上基本拓扑结构组合起来，汲取它们的优点构成一种混合型拓扑结构，图 2.8 所示为两种基本拓扑结构组合而成的混合型拓扑结构。一种是星型拓扑和环型拓扑混合成星型环拓扑，另一种是星型拓扑和总线拓扑混合成星型总线拓扑，其实这两种混合型在结构上有相似之处，如果将总线结构的两个端点连在一起也就成了环型结构。

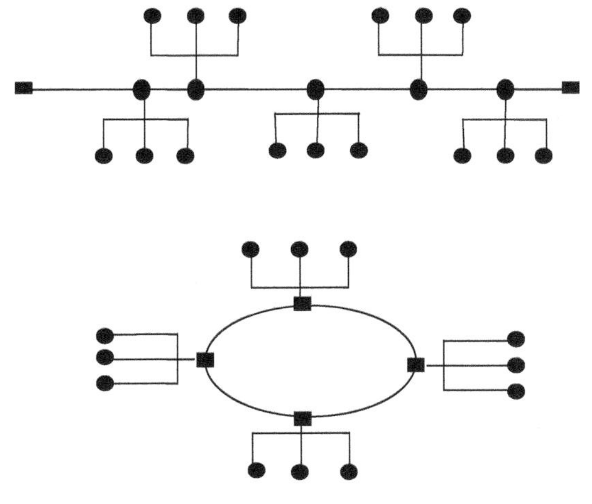

图 2.8　混合型拓扑结构

这种拓扑结构的配置是由一批接入环中或总线的集中控制器组成，由集中控制器再按星型结构连至每个用户节点。

混合型拓扑的优点如下。

（1）故障诊断和隔离较为方便。一旦网络发生故障，首先诊断哪个集中器有故障，然后将该集中器和全网隔离。

（2）易于扩展。如果要扩展用户时，可以加入新的集中器，也可设计时在每个集中器留出一些备用的可插入新站点的连接口。

（3）安装方便。网络的主电缆只要连通这些集中器，安装时就不会有电缆管道拥挤的问题。这种安装和传统的电话系统电缆安装很相似。

混合型拓扑的缺点如下。

（1）需要选用带智能的集中器。这是实现网络故障自动诊断和故障节点的隔离所必需的。

（2）集中器到各个站点的电缆安装会像星型拓扑结构一样，有时会使电缆安装长度增加。

当然，还有很多按这种方式组合得到的拓扑结构，这里就不再一一罗列了，读者可以根据所面临的实际问题去分析，确定相应的网络拓扑结构。

3）网型拓扑结构

网型拓扑在广域网中得到较广泛的应用，如图 2.9 所示，也可以理解为多种基本结构的不规则组合。它的优点是不受瓶颈问题和失效问题的影响。由于节点之间有许多条路径相连，可以为数据流的传输选择适当的路由，绕过失效的部件或忙节点。这种结构虽然比较复杂、成本比较高、网络协议也较复杂，但由于它的可靠性高，仍然受到用户的欢迎。在很多情况下网型结构具有更大的适应性，这种结构的极端情况就是全互联结构。

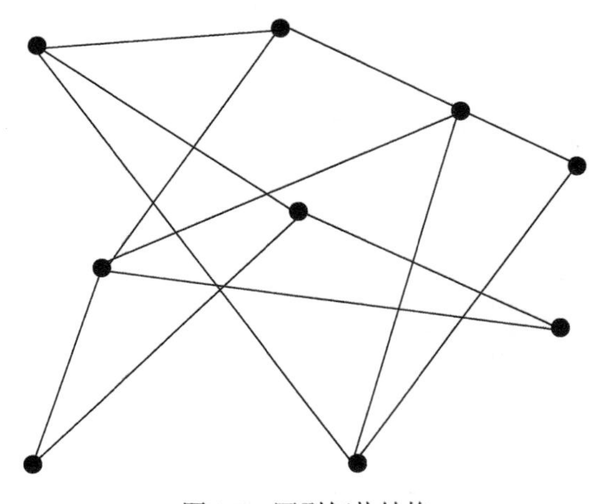

图 2.9　网型拓扑结构

上面分析了常见拓扑的结构及其优缺点，由此可见，不管什么样的网络，其拓扑结构的选择需要考虑很多因素，既要可靠、易于安装，又要具有良好的可扩展性和技术经济性。

网络的可靠性也是必须考虑的一个重要因素，拓扑结构选择要利于故障诊断，易于隔离故障，以使网络的主要部分仍能正常运行。

网络拓扑的选择还会影响传输媒体的选择和媒体访问控制方法的确定，这些因素又会影响各个站点在网上的运行速度和网络软硬件接口的复杂性。

3. 网络拓扑结构确定原则

拓扑结构的选择不但与传输媒体的选择和媒体访问控制方法的确定紧密相关，更重要的是结构本身所具有的特性，因此在选择网络拓扑结构时，应该主要考虑以下几个方面的结构特性。

1）结构连通性

这是最基本的网络拓扑结构要求，网络的拓扑连通性就是网络中任意两个节点之间至少存在一条路径，才具备实现信息交互的最基本条件。这种路径在实际网络中可以是有线的，也可以是无线的。

网络的连通性会因某些节点或链路（边）的失效而变差，甚至会使整个网络结构变为两个以上的失去相互关联关系的子图，从图论的角度就是成为不连通图，该网络就会崩溃或降级使用部分网络功能。

2）结构可靠性

不论什么网络，在拓扑结构设计时应尽可能提高其可靠性，保证网络在更宽泛的条件下能准确地传递信息和执行应用。不仅如此，还要考虑整个网络的可维护性，并使故障诊断和故障修复较为方便。

一般说来，网络是由众多的元件、部件、子系统、系统组成的，它们会由于物理、化学、机械、电气、人为等因素造成故障，自然灾害和敌对破坏行动更是出现故障不可忽视的因素。因此，影响网络可靠性的因素是非常复杂的，这给网络可靠性的定义方法带来了困难。

在这里给出一个网络的可靠性定义：在人为或自然的破坏作用下，通信网在规定条件下和规定时间内的生存能力的表现。

根据上述定义分析网络拓扑结构的可靠性。从图论来看，网络是由节点和链路组成的，当任何原因造成某些节点或链路（边）失效时，首先会使全网的连通性变差，其次由于连通性变差会导致网络仍能工作但部分性能下降。因此，网络的生存或规定功能应从拓扑结构的连通性方面考虑。尽管我们不能准确给出网络拓扑结构的可靠性定义，但是可以给出网络拓扑结构的可靠性测度的一些判断原则，具体如下：

（1）网络中给定的节点对之间至少存在一条路径；

（2）网络中一个指定的节点能与一组节点相互连通；

（3）网络中可以相互连通的节点数大于某一阈值；

（4）网络中任意两个节点间信息传输时延小于某一阈值；

（5）网络的信息吞吐量超过某一阈值。

其中前 3 条是从网络结构的连通性方面考虑的，后 2 条是从网络的性能方面考虑的。

3）网络结构的复杂程度

通常情况下，确定网络的拓扑结构都是在满足网络建设各种需求的前提下，追求拓扑结构的最简化。特别是建立拥有不同等级的网络时，尽最大可能减少网络的等级数和网络拓扑结构组合的复杂性。相对而言，相同结构的组合具有更好的特性，图 2.7 和图 2.8 所示的结构不论是在电信网络中还是计算网络中都得到了较广泛的认可。

4）建设和管理的代价

网络拓扑结构是影响建设成本和管理代价的重要因素。建设不同结构的网络，不但技术存在巨大差别，而且建设成本之间的差别也是很大的。因此在拓扑结构确定的同时，要清楚相应的建设费用，使得所选结构与成本比尽可能优化。另外，就是可管理性问题，建设费用有可能是一次性的，但管理费用是长期的支出，因此拓扑结构选择时也要充分考虑该种结构的后期管理成本。

5）可扩展性和适应性

网络结构的变化是一个持续的活动，很少有网络结构不发生改变的，只是变的程度大小而已，有的是推翻原有结构重新组建新的结构，有的是结构的扩展。前者多数情况是有新的网络技术出现，如计算网络中的总线结构由于交换技术的进步变为星型结构；后者是业务的提升和应用面的扩大，需要对网络进行扩充。因此，在进行网络拓扑结构设计时，一定要考虑网络拓扑结构变化的灵活性和可扩展性，以适应网络结构的变化和改造，使网络在需要扩展或改动时，能容易地重新配置网络拓扑结构，方便地对原有站点的删除和新节点和链路（边）的加入。

2.2 网络系统架构

网络系统构架是指通信系统的整体设计，它为网络硬件、软件、协议、存取控制和拓扑提供标准，是一个从物理层连接一直到应用层的完整网络系统的总体结构。它包括描述协议和通信机制的设计原则，可以描述一组抽象的规则去指导网络中的终端通信机制的设计和通信协议的实现。

2.2.1 基础架构

网络体系结构（Network Architecture，NA）是计算机之间相互通信的层次，以及各层中的协议和层次之间接口的集合。计算机网络是一个非常复杂的系统，需要解决的问题很多并且性质各不相同。所以，在进行 ARPANet 设计时，就提出了“分层”的思想，即将庞大而复杂的问题分为若干较小的易于处理的局部问题。1978 年国际标准化组织（ISO）提出了“异种机联网标准”的框架结构，这就是著名的开放系统互联基本参考模型（Open Systems Interconnection Reference Modle，OSI/RM），简称为 OSI。OSI 得到了国际上的承认，成为其他各种计算机网络体系结构遵照的标准，大大推动了计算机网络的发展。这种按层划分的网络体系结构具有较多优点，主要优点如表 2.1 所列。

表 2.1 网络体系结构分层的优点

优点	详细解释
各层次之间是相互独立的	其中的任何一层并不需要知道它的下一层和上一层是如何实现的，只是知道下一层通过层间接口所提供的服务和可调用的功能，以及上一层需要本层提供什么样的服务和功能支持 因为每层都只实现一种相对独立的功能，将一个庞大、复杂的问题分成若干个小问题，因而简化了问题的复杂程度
适应性、灵活性好	如果系统的某层次发生改变，只要与上、下层的接口关系和功能不变，则上、下层均不受影响。从而便于该层的修改、扩展或取消功能支持和所提供的服务。结构上可以分割，功能易于优化、实现 由于各层结构上是可分开的，因此各层次完全可以根据实现的功能特性，独立于其他层而选择最适合本层的技术来实现
易于管理和维护	这种结构使得各层实现的功能相对独立，从而使得对应于该层的软件、硬件系统具有专用特点，使得一个庞大而复杂的系统变得容易维护和管理
促进良好的标准化	每一层的功能和所提供的服务都能做到精确的说明和描述，使得具有同样层次结构的系统易于标准化，其对应层次的各种关系易于描述

图 2.10 则是 OSI 七层参考模型，可以将上述 OSI 模型的 1、2、3 层合称为低层，将第 4 层（传输层）称为中间层，将 5、6、7 层合称为高层。高层与中间层又合称为主机层，低层又称为介质层。其中高层（应用层、表示层和会话层）是面向应用程序的，它们负责处理用户的接口。中间层（传输层）和低层（物理层、网络层、数据链路层）是面向网络的，负责处理数据的传输，如数据报的组装、路由选择、校验等。可将 OSI 参考模型数据单元及各层主要功能列于表 2.2 中。

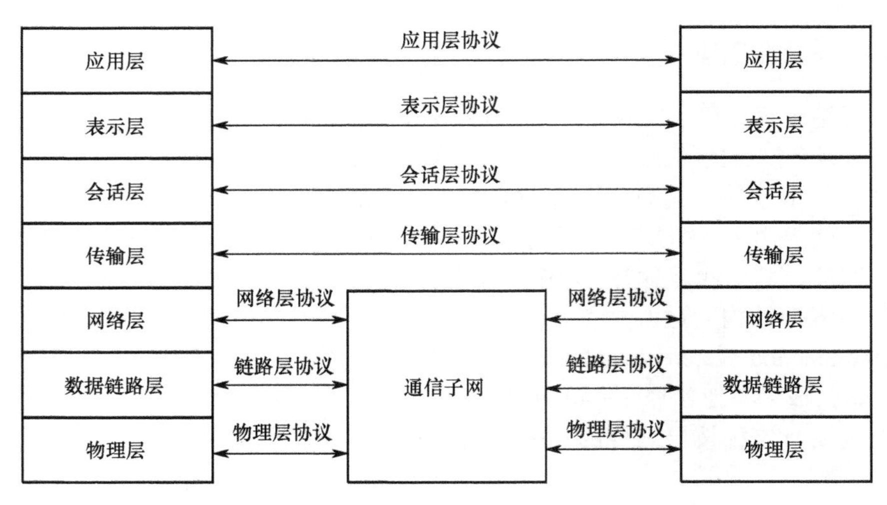

图 2.10　OSI 七层参考模型

表 2.2　OSI 参考模型数据单元及各层主要功能

层次	数据单元	主要功能
应用层	原始数据+本层协议控制信息	用户接口处理网应用 （提供电子邮件、文件传输等用户服务）
表示层	上层数据+本层协议控制信息	数据表示协商数据传输语法 （转换数据格式、数据加密、解密和数据压缩等）
会话层	上层数据+本层协议控制信息	会话建立和管理 （在应用程序之间建立、维持和终止对话）
传输层	数据段	端到端的连接 （网络资源的最佳利用、端到端数据传输控制、数据分段）
网络层	分组	寻址和最短路径 （路由选择、流量和拥塞控制、计费信息管理）
数据链路层	数据帧	接入介质 （组帧、错误检测和校正、寻址、提供可靠的数据传输）
物理层	比特流	二进制传输 （数据的物理传输、发送比特流）

从 OSI 模型可以看出，它并没有明确地描述用于各层的协议和服务，只是说明各层的功能是什么以及如何起作用的。但是它已经清楚地描述了如何实现网络互联的框架和主机系统之间数据信息的传递或交换。

一般来说，可以从很多角度对网络的体系结构进行描述。

从资源的角度来看，网络的存在在于实现海量信息与资源的共享和整合，所以网络必须具有传输、处理和存储等至少三方面的能力和资源来支撑和协调整个网络系统。缺少任何一个方面，网络都无法维持自身的运行，只有在这三方面条件同时具备的前提下才能保障网络中的信息通信与共享需求。图 1.2 所示为网络资源结构图。

从结构抽象的角度来看，网络可以按立体结构分解，也可以按水平结构分解。按立体结构分解，网络是由网络拓扑及物理平台、网络软件及控制系统、网络业务系统和网络支撑系统四部分组成，如图 2.11 所示。

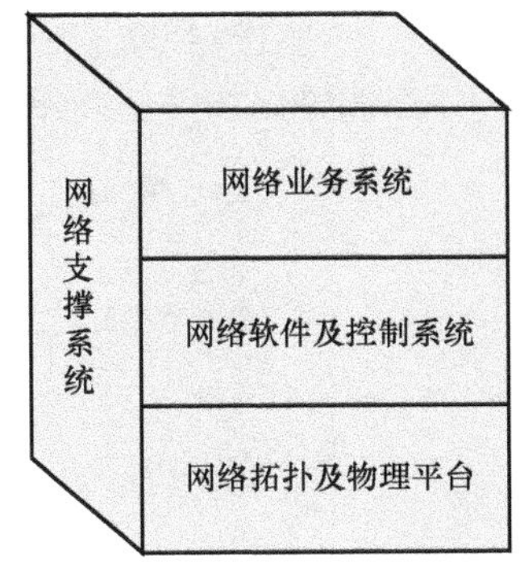

图 2.11　网络立体结构分解图

1. 网络拓扑及物理平台

网络拓扑及物理平台作为通信网的基础，包括交换设备、传输设备及终端设备等，主要利用软件及控制系统发挥其潜在的功能和协调运作，而业务服务层次的提高依赖于资源利用的智能化。

2. 网络软件及控制系统

网络软件及控制系统表示信息传递的流程，包括各种操作系统、协议、规程、约定和质量标准等，也包括传输交换节点的操作系统及应用程序，以保障网络正常运转。

3. 网络业务系统

网络业务系统实现网络的服务功能，包含网络所能支持的全部信息传递业务，它建立在网络的软硬件资源之上，为网络用户提供高层次的信息传递服务。

4. 网络支撑系统

网络支撑系统有着支撑和辅助网络系统的作用，包括网络同步、网络管理及安全系统等，对网络进行实时监视与控制。

按水平结构分解，网络从实现的功能上可以分为三部分，即终端系统、接入网、核心网，如图 2.12 所示。

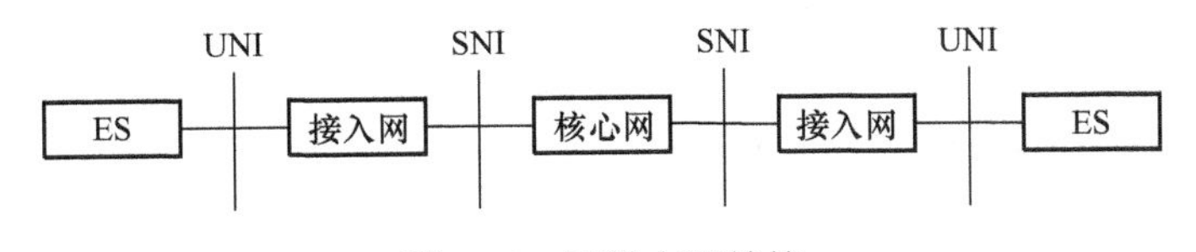

图 2.12　网络水平结构

在图 2.12 中，用户网络接口（User Network Interface，UNI）用于支持各种业务的接入；业务节点接口（Service Node Interface，SNI）用于将各种用户业务与交换机连接。

核心网由信息的交换转发、接收点（如交换机、路由器）和传输系统组成，实现网络节点之间的信息转移传递；接入网介于交换设备与用户之间，为交换设备和用户提供连接通道。终端系统包括用户终端、用户驻地的布线网络以及局域网络等。

从运行机制的角度来看，网络是由终端系统、交换转接系统和传输系统组成，如图 2.13 所示。每个网络的节点（如业务节点、管理节点、信令节点、终端等）都涉及操作系统、协议标准、信息业务、网络管理等的处理。

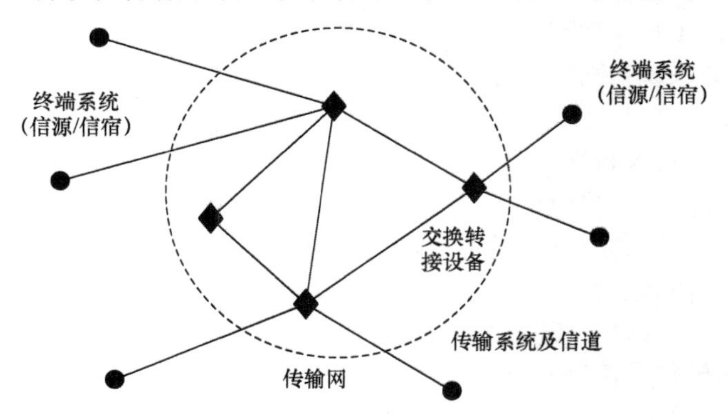

图 2.13　网络物理要素结构

作为设计者，设计网络时必须考虑网络的可实现性。网络是由许多节点相互连接而成，这些节点间要有条不紊地不断地进行数据的交换和传递，每个节点就必须有共同遵守的规则、标准或约定，即网络协议。针对网络互联、信息通信、互联接口控制、网络安全等各种实现功能，设计者需考虑相应的网络协议来控制和协调整个网络。网络设计同样注重于网络所实现的功能性，即给用户带来的业务。从网络业务的角度看，在网络发展过程中几乎一直是根据业务种类不同而设置的，而当今网络应该具有支持多种业务的能力，实现业务综合化，如现今的三网融合。因此，设计者在设计网络时要针对实现的业务而设计。

作为使用者，网络存在的意义就是能够提供充分的资源和便捷的服务。从基础资源到信息资源，使用者一直在不断地获取网络提供的各种信息。同时在使用网络的过程中，网络呈现的运行机制的便捷性也是使用者关注的要点。网络业务的可实现性给用户提供了各种服务。

在人类漫长的历史长河中，一项整体技术的进步往往在于部分结构的发展，网络也是如此。在对网络的研究和学习中首先要在头脑里树立起网络的整体概念，绝不能孤立地看待网络中的某个部分和某一种技术。网络的研究强调系统化的协调和匹配，在把握整体网络的同时去深入研究网络的每个部分，才能更好地研究网络中的诸多问题，如网络的结构、网络的规划以及网络的可靠性和优化等。

2.2.2 协议架构

网络协议是计算机网络和分布系统中互相通信的对等实体间交换信息时所必须遵守的规则的集合。也正是因为这些统一的规则，促使网络之间能实现网络互联。由前面的叙述可知，网络体系结构按层次划分，将整个网络划分为不同的层次，不同层次有不同的协议，以实现各个层次不同的功能。

互联网体系结构有时也称为 TCP/IP 体系结构，因为 TCP 和 IP 是它的两个主要协议，如图 2.14 所示。图 2.15 给出互联网体系另一种表示方法。TCP/IP 模型是至今为止发展最成功的通信模型，它用于构筑目前最大的、开放的互联网络系统。TCP/IP 模型分为不同的层次结构，每层负责不同的通信功能。互联网和 ARPANet 早于 OSI 体系结构的出现，因此，这对 OSI 参考模型的诞生产生了极大的影响。

<table>
<tr><td colspan="2">Telnet FTP SMTP</td><td colspan="2">RIP SNMP</td></tr>
<tr><td colspan="2">TCP</td><td colspan="2">UDP</td></tr>
<tr><td colspan="4">IP ICMP ARP RARP</td></tr>
<tr><td>以太网</td><td>令牌环</td><td>帧中继</td><td>ATM</td></tr>
</table>

图 2.14 互联网协议

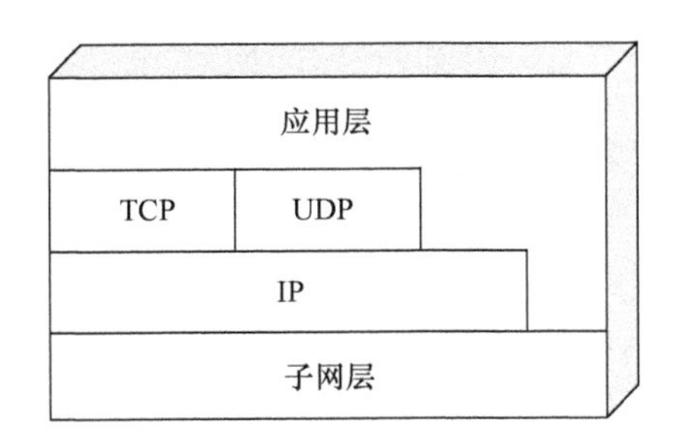

图 2.15 互联网体系结构的另一个视角

7 层 OSI 模型多用于理论分析，也应用于互联网，但是，在实际网络搭建过程中更多的是采用 TCP/IP 四层模型。如图 2.15 所示，在 TCP/IP 模型中，网络接口层是 TCP/IP 模型的最底层，负责接收从网络层交付的 IP 数据包，并通过底层物理网络将 IP 数据包发送出去，或者从底层物理网络上接收物理帧，从中提取出 IP 数据报提交给网络层。

网络层主要实现将分组从源主机送往目的主机的功能，并为分组提供最佳路径选择和交换功能，该过程与它们所经过的路径和网络无关。

运输层提供从源节点到目的节点之间可靠的端到端的数据通信功能。

应用层为用户提供网络应用，并为这些应用提供网络支撑服务，把用户的数据发送到低层，为应用程序提供网络接口。

TCP/IP 模型的每层都提供了一组协议，各层协议的集合构成 TCP/IP 模型的协议簇，如图 2.16 所示。

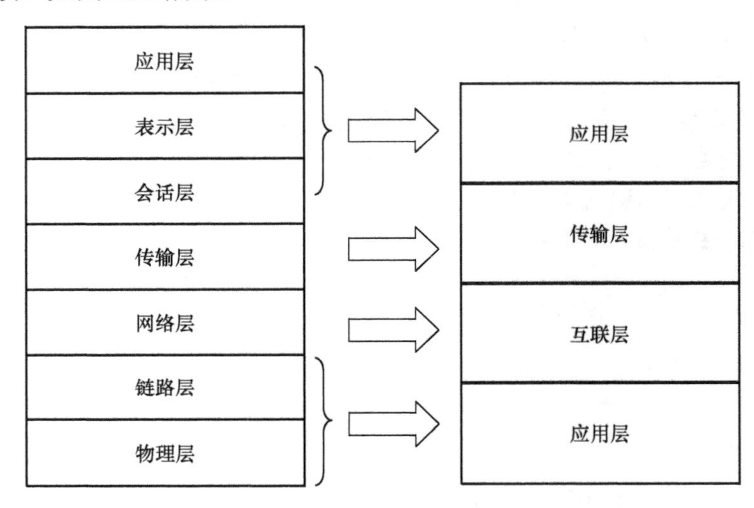

图 2.16　TCP/IP 体系结构

1．接口层协议

TCP/IP 的网络接口层中包括各种物理网络协议，如 Ethernet、令牌环、帧中继、ISDN 和分组交换网 X.25 等。当各种物理网络被用作传输 IP 数据包的通道时，这种传输过程就可以认为是属于这一层的内容。

2．网络层协议

网络层包括多个重要协议，主要协议有 4 个，即 IP、ICMP、ARP 和 RARP。其中网际协议（Internet Protocol，IP）是核心协议，IP 协议主要规定网络层数据分组的格式。互联网控制消息协议（Internet Control Message Protocol，ICMP）提供了网络控制和消息传递功能。地址解释协议（Address Resolution Protocol，ARP）将逻辑地址解析成物理地址。反向地址解释协议（Reverse Address Resolution Protocol，RARP）通过 RARP 广播，将物理地址解析成逻辑地址。

3．运输层协议

运输层协议主要包含 TCP 和 UDP 两个协议：传输控制协议（Transport Control Protocol，TCP）是面向连接的协议，通过利用 3 次握手和滑动窗口机制来确保传输的可靠性以及进行流量控制；用户数据报协议（User Datagram

Protocol，UDP）指的是面向无连接的不可靠运输层协议。

4. 应用层协议

应用层包括很多应用与应用支撑协议。常见的应用层协议有文件传输协议（File Transfer Protocol，FTP）、超文本传输协议（HyperText Transfer Protocol，HTTP）、简单邮件传输协议（Simple Mail Transfer Protocol，SMTP）、远程登录（Telnet）。常见的应用支撑协议包括域名服务（Domain Name System，DNS）和简单网络管理协议（Simple Network-Management Systems，SNMP）等。

2.3 网络工程规划与设计

2.3.1 网络工程规划与设计

1. 网络工程规划与设计的原则和方法

网络工程是指从整体出发，合理规划、设计、实施和运用计算机网络的工程技术，它根据网络组建需求，综合应用计算机科学和管理科学中的思想和方法，对网络系统的结构、要素、功能、应用等进行分析，达到最优化设计、实施和管理的目的。

网络工程是一个阶段性的系统工程，它需要根据一定的生命周期来进行。具体来说，可以分为筹备阶段（立项与可行性分析）、分析阶段（需求调查和分析）、设计阶段（逻辑设计和物理设计）、实施阶段（工程施工）、测试阶段（系统测试和工程验收）和维护管理阶段（系统管理和维护升级），如图 2.17 所示。

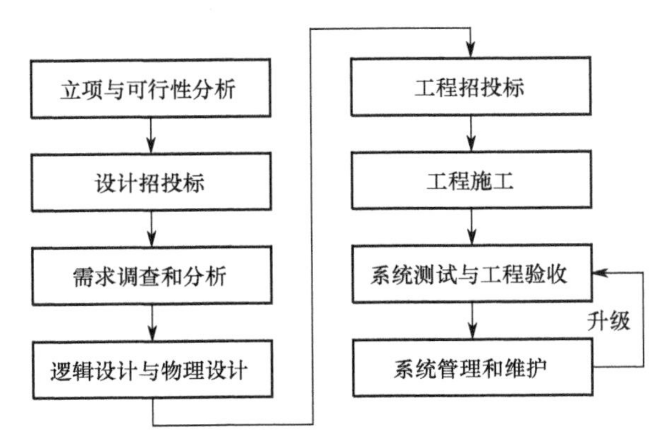

图 2.17 网络工程实施步骤

网络工程规划就是按照网络工程的需求以及组织逻辑，利用相关技术和策略，将网络设备（交换机、路由器、服务器）和网络软件（操作系统、应用系统）系统地组合成整体的过程。

通信网络规划的目的在于确定网络未来发展的目标、步骤和方式方法，寻求最合理的网络结构、最小的投资风险与最优的性价比，使系统成为低成本、高效率、性能平衡、可扩展、可维护的系统。

简而言之，网络工程规划应遵循以下的原则和方法：

（1）实用性原则；

（2）先进性原则；

（3）可扩充、可维护性原则；

（4）可扩充、可靠性原则；

（5）安全性原则；

（6）经济性原则；

（7）满足网络性能指标原则，包括带宽、吞吐量、带宽利用率、提供负荷、准确性、效率、延迟和延迟变化响应时间。

2. 网络规划的实施步骤

网络规划一般采用自底向上的方法，详细步骤依据每个项目的具体内容而不同，但是大致步骤如图 2.18 所示。一般包括以下几点。

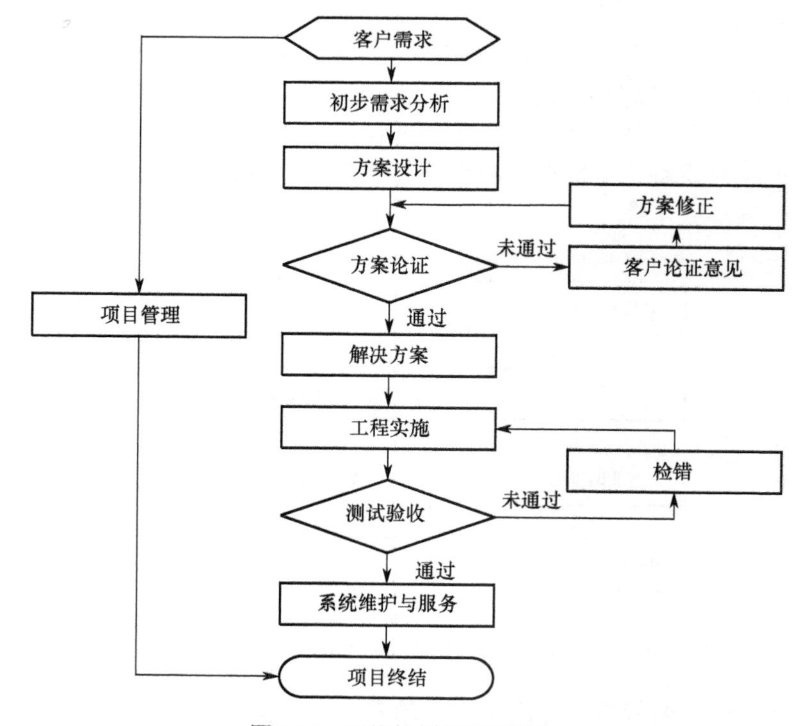

图 2.18　网络规划的实施步骤

（1）需求分析。了解用户建网需求，或用户对原有网络升级改造的要求，主要包括应用类型、物理拓扑结构、带宽要求、流量特征分析等。

（2）技术方案设计。确定网络主干和分支采用的网络技术、传输介质和拓扑结构排列，再确定网络资源配置、接入外网的方案等。

（3）产品选型。根据技术方案，进行设备选型，包括网络设备选型和服务器设备选型。

（4）网络设计。根据产品选型，进行网络细化设计。

（5）系统设备、产品的采购及进口代理。

（6）综合布线系统与网络工程施工。综合布线系统设计、组织施工、网络设备的互联与调试等。

（7）软件平台配置。确定网络基础应用平台方案，包括网络操作系统、数据库系统、网络基础服务系统的安装配置。

（8）网络系统测试。包括网络设备测试、综合布线系统测试和网络运行测试。

（9）应用软件开发。根据用户要求编写，也可以外购，并在外购软件基础上做二次开发。

当然这是可选项，大多数系统集成商不做软件。这要看用户的要求和他们对系统集成概念的理解。

3. 网络工程设计的实施步骤

网络工程设计一般采用自顶向下的方法，是一种从 OSI 参考模型上层开始，然后向下直到底层的网络设计方法。它在选择较低层的路由器、交换机和媒体之前，主要研究应用层、会话层和传输层功能。采用模块化、层次化结构设计，整个网络架构由核心层、汇聚层、接入层组成，同时建立对整个网络进行管理的网络管理系统，如图 2.19 所示。

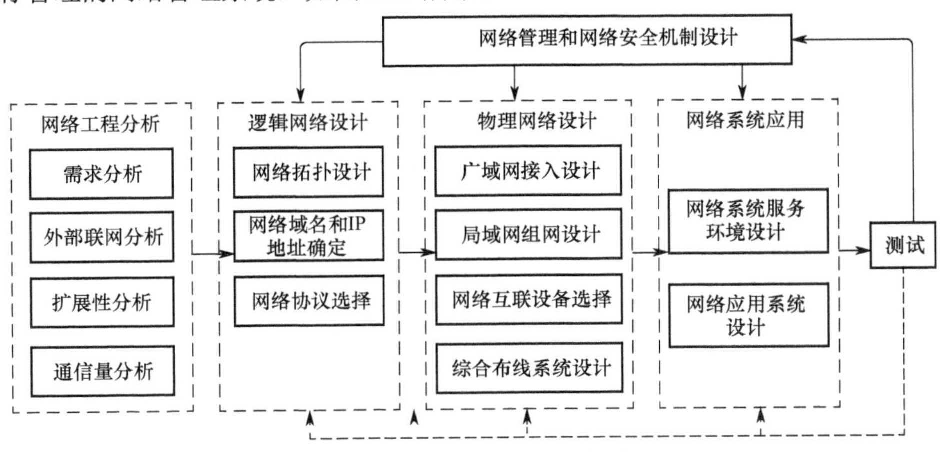

图 2.19 网络工程设计的一般过程

2.3.2 网络规划分析

网络工程分析是必不可少的，实施网络工程规划与设计的首要工作就是进行分析。深入细致的分析与规划是成功构建通信网络的一半。缺乏分析与规划的网络必然是失败的网络，即稳定性、可扩展性、安全性、可管理性都没有保证。

网络工程分析的主要任务是要对以下指标给出尽可能准确的定量或定性分析和估计：

（1）业务的需求；

（2）网络的规模；

（3）网络的结构；

（4）网络管理需要；

（5）网络增长预测；

（6）网络安全要求；

（7）与外部网络的互联。

1. 网络需求分析

网络需求分析是在网络规划和设计过程中用来获取和确定系统需求的方法。在需求分析阶段，应确定客户有效完成工作所需建设的网络服务和性能水平。

1）业务需求分析

业务需求分析的目标是明确企业的业务类型、应用系统软件种类，以及它们对网络功能指标（如带宽、服务质量）的要求。主要思考以下几个问题：

（1）该网络需要具有哪些功能，现有网络需要改进的功能有哪些；

（2）网络需要实现哪些应用和服务；

（3）网络是否需要实现电子邮件服务功能；

（4）网络是否需要 Web 服务器；

（5）网络是否需要与外部联网；

（6）网络需要多大的带宽范围，需要什么样的数据共享模式，是否需要升级。

2）管理需求分析

在业务需求分析完成之后，就要分析网络的管理需求，主要考虑以下问题：

（1）由谁来负责管理园区网络；

（2）网络是否需要远程管理；

（3）网络需要哪些管理功能，如是否需要计费、是否要为网络建立域、选择什么样的域模式等；

（4）选择哪个供应商的网络管理软件，是否有详细的评估，选择哪个供应商的网络设备，其可管理性如何；

（5）是否需要跟踪和分析处理网络运行信息；

（6）如何跟踪、分析和处理网络管理信息；

（7）如何更新网络管理策略。

3）安全需求分析

安全需求分析也是十分必要的，在建网中要明确以下问题：

（1）机构或者部门的敏感性数据的安全级别及其分布情况如何；

（2）网络用户的安全级别及其权限如何；

（3）网络可能存在的安全漏洞，这些漏洞对网络系统的影响程度如何；

（4）网络设备的安全功能要求如何；

（5）网络系统软件的安全评估情况如何，应用系统安全要求如何；

（6）网络需要采用何种杀毒软件，采用什么样的防火墙技术方案；

（7）网络安全软件系统的评估如何；

（8）网络遵循的安全规范和达到的安全级别是多少。

4）网络规模分析

网络规划设计工作不仅要确定网络规模和选用的网络设备类型，还要根据用户需求设计出最合理的网络拓扑结构、网络中最多可以容纳的用户数量等。确定网络规模涉及以下内容：

（1）哪些部门需要进入网络；

（2）哪些资源需要上网；

（3）网络用户有多少；

（4）要采用什么档次的设备；

（5）网络及终端设备是多少。

用户的数量在网络设计过程是一个十分重要的因素，所规划的网络是采用对等网络形式还是客户机/服务器模式以及需要几个服务器等问题，通常由网络中客户机的数目确定。当然也不是完全以客户机的数目确定网络形式，对一些有自然环境条件要求的网络，即使规模很小，也会采取客户机/服务器模式，而不是使用对等网。

5）环境分析

环境分析是指对企业的信息环境基本情况的了解和掌握。例如，办公自动化情况，计算机和网络设备的数量配置和分布、技术人员掌握专业知识和工程经验的状况，以及地理环境（如建筑物）等。通过环境分析可以对建网环境有个初步的认识，便于后续工作的开展。建网所在的外部环境需要明确下列指标：

（1）网络园区内的建筑群位置布局如何；

（2）建筑物内的弱电井位置、配电房位置如何；

（3）各部分办公区的分布情况；

（4）各工作区内的信息点数目和布线规模。

2. 网络外部联网分析

1）网络服务提供商的选择

中国有三大电信运营商，即中国电信、中国移动、中国联通。中国四大主干专业网络，包括中国科技网（China Science and Technology NETwork，CSTNET）、中国教育与科研网（China Education and Research NETwork，CERNET）、中国金桥网（China Golden Bridge Network，CHINAGBN）、中国公众互联网。

中国科技网现有多条国际出口信道连接互联网，是非营利、公益性网络，主要为科技界、科技管理部门、政府部门和高新技术企业服务。

中国教育与科研网是由政府资助的全国范围的教育与学术网络。目前已有近千所大学和中学的局域网连入中国教育与科技网。中国教育与科技网的最终目标是要把全国所有的大学、中学和小学通过网络连接起来。

中国金桥网是面向企业的网络基础设施，是中国可商业运营的公用互联网。目前有数百家政府部门、企事业单位接入金桥网，上网拨号用户达几十万。

中国公众互联网是邮电部门组建及经营管理的中国公用互联网主干网，已经发展成覆盖国内所有省份和几百个城市、拥有数百万用户的大规模商业网络。

2）常见的互联网接入方式

常见的互联网接入方式有 PSTN 公共电话网、ISDN、ADSL、DDN 专线、卫星接入、光纤接入、无线接入和 Cable Modem 接入。

3. 网络扩展性分析

网络可扩展，这是通信性能的指标之一。扩展性需求分析要明确以下指标：

（1）机构或部门需求的新增长点有哪些；

（2）已有的网络设备和计算机资源有哪些；

（3）原有的哪些设备需要淘汰，哪些设备还可以继续保留；

（4）网络节点和布线的预留比率是多少；

（5）哪些设备便于网络扩展；

（6）主机设备的升级性能；

（7）操作系统平台的升级性能。

4. 网络通信量分析

网络的通信量需求是从网络应用出发，对网络带宽做出评估。一般要考虑以下几点：

（1）网络应用类型（如文件服务、视频传输、远程连接和文件共享、视频会议等）、基本带宽需求和未来对高带宽服务有没有要求；

（2）需不需要宽带接入方式，本地网络能够提供哪些宽带接入方式；

（3）不同用户经常对网络访问所具有的特殊要求有哪些；

（4）哪些用户需要经常访问互联网，如客户服务人员经常要收发 E-mail；

（5）哪些服务器有较大的连接数；

（6）哪些网络设备能提供合适的带宽且性价比较高；

（7）需要使用什么样的传输介质；

（8）服务器和网络应用能否支持负载均衡。

2.3.3 网络工程设计

网络工程设计包括逻辑网络设计、物理网络设计、应用系统设计三部分。

1. 逻辑网络设计

当网络需求分析完成之后，就进入到网络的逻辑设计阶段。逻辑设计的目的是建立一个逻辑模型来确定网络的结构、网络设备的连接、节点接入以及技术等。主要包括以下内容。

1）网络拓扑结构设计

基本拓扑结构及其各种结构的优、缺点在 2.1.3 节中有详细描述，在此不再赘述。

2）分层设计

网络设计仅仅使用拓扑结构是不够的。常常采用的是分层网络设计，通常包括 3 个层次，即主干网络（核心层）、分布层（汇聚层）和访问层（接入层），如图 2.20 所示。

核心层是整个网络系统的主干部分，而把分布在不同位置的子网连接到核心层的是汇聚层。在网络中，直接面向用户连接和访问网络的部分是接入层。

核心层是网络的高速主干网，主要连接全局共享服务器和建筑楼宇的配线间设备。其主要功能是提供地理上远程站点之间的广域网连接。核心层为下面两层提供优化的数据传输功能。

核心层的设备主要是路由器和具有路由功能的 3 层交换机。由于核心层处于主干网络，而主干网络技术的选择要根据地理距离、信息流量和数据负载等来确定，核心层通常承担网络 40%～60%的信息流，所以应该选择光纤作为核心层的传输介质。

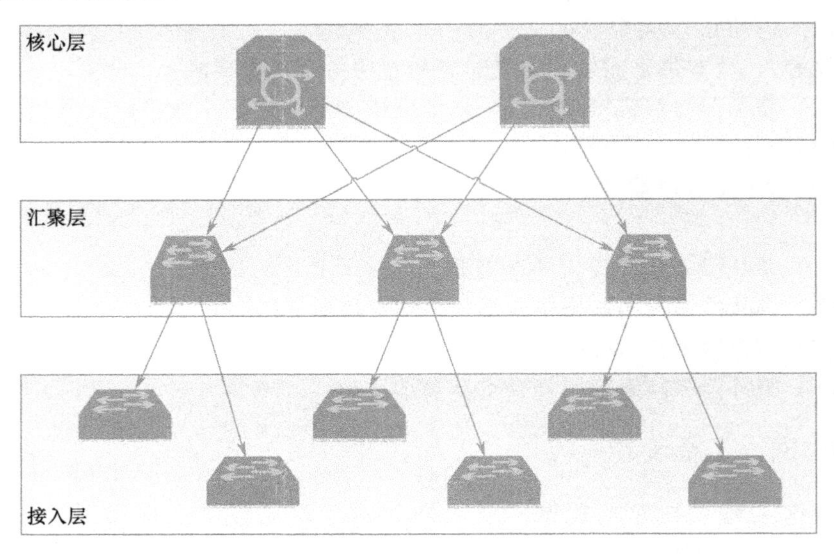

图 2.20 网络分层方式

汇聚层位于核心层和接入层中间，主要任务是提供与流量控制、安全及路由相关的策略。汇聚层将分布在不同位置的子网连接到核心层网络，实现路由汇聚功能。汇聚层的存在与网络规模大小相关。当建筑物内的网络节点较多，超过了一台交换机的端口密度时，就需要增加交换机来扩充端口，这时就需要汇聚交换机。交换机之间可以采用级联或者堆叠方式来连接，然后再与汇聚交换机相连，如图 2.21 所示。

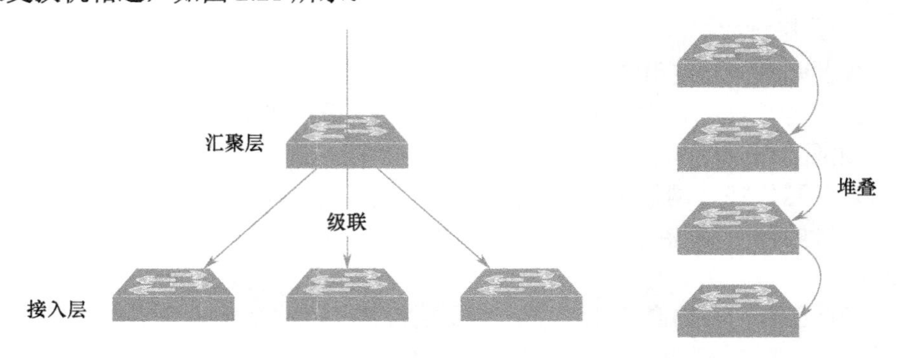

图 2.21 汇聚层

汇聚层的设备选择相对容易些，采用 100～1000Mb/s 交换机即可。但汇聚层容易出现网络瓶颈，所以设计人员要对汇聚层交换机的网络流量进行预测。

接入层是直接面对终端用户的，接入层将终端用户计算机连接到网络中，为用户提供在本地网络访问互联网的能力。接入层通过接入二级交换机技术实现连接到汇聚层。

接入层的设备有网卡、集线器与交换机（10～100Mb/s）。一般采用100Base-TX 快速交换式以太网，采用 10～100Mb/s 自适应传输速率到用户桌面，传输介质一般为五类或超五类双绞线。

3）计算机网络协议

计算机网络根据一定的拓扑结构连接成物理网络之后，为了实现网络通信，物理网络要遵循一定的规则和协议，只有按照一定的逻辑结构体系才能实现互联互通。

最初的计算机网络存在众多的体系模型，网络之间通信互联极其困难和低效。为了解决不同体系结构网络的互联问题，国际标准化组织（ISO）于1981 年制定了开放系统互联参考模型（OSI）。具体内容见 2.2 节中的 OSI 模型、TCP/IP 协议等，在此不做具体分析。

4）IP 地址及空间域名规划

网络是基于 TCP/IP 进行通信和连接的。TCP/IP 让复杂的物理网络看起来像一个单一的、无缝连接的系统，让全球范围内的不同硬件结构、不同操作系统、不同网络系统互联起来。TCP/IP 为网络上的每台主机设定一个唯一标识的、固定的 IP 地址，从而实现网络互联互通，同时也区别网络上成千上万个用户和计算机。由于 IP 地址是数字标识，使用时难以记忆和书写，因此在 IP 地址的基础上又发展出一种符号化的地址方案来代替数字型的 IP 地址。每个符号化的地址都与特定的 IP 地址相对应，这样网络上的资源访问起来就容易多了。这个与网络上的数字型 IP 地址相对应的字符型地址，被称为网络域名。具体讲述见 1.2.2 节。

2. 物理网络设计

物理网络设计主要包括网络布线系统、网络互联设备选择、网络机房系统和网络供电系统设计。

（1）网络布线系统。综合布线主要根据各个网络节点的地理分布情况、网络配置情况和通信要求，安装适当的布线介质和连接设备，使整个网络的连接、维护和管理变得简单易行。

（2）网络互联设备选择。在明确网络需求情况、确定网络拓扑结构和综合布线系统设置情况后，设计者需要按照用户需求正确选择网络互联设备。

（3）网络机房系统和网络供电系统设计。网络机房是网络的心脏所在，网络机房主要包括设备和机房环境，供电系统主要考虑机房的供电能力、供电方式、供电等稽核配电系统设计等。

至此，网络工程框架就设计完成了，如何提高网络计算及负载能力、怎样划分 IP 地址、满足通信性能指标、维护网络安全以及网络应用管理，将在后续章节介绍。

3. 应用系统设计

当物理网络的架设完成以后，如何让网络发挥其功能，这需要依靠网络系统应用的设计与开发。网络应用系统的功能和结构影响着系统应用的效果。

一般而言，应用系统开发包括系统的网络架构、应用服务器环境、数据库的选择以及网络应用系统的开发。合理对四个部分进行设计将是应用系统性能的关键点所在。

第 3 章　计算和传输能力规划

3.1　计算与传输

3.1.1　计算概述

1．数字计算

电子计算机主要由电子线路组成，其中最为熟知且使用最多的就是逻辑电路。逻辑电路最基本的逻辑操作主要包含“或”“与”“非”及其复合操作。逻辑电路的输入信号与输出信号的状态为电位的高、低或者脉冲的有、无，“高”“低”或是“有”“无”是彼此相对、彼此排斥，这样的形式满足了形式逻辑的基本要旨，体现了相应的思维规律。可以看出，信号这两种状态是十分鲜明的。一般地，都采用“0”来表示“低”和“无”状态，用“1”来表示“高”和“有”状态。因此，把多个这样的符号排列起来，就能够展现出多种数据形式，如数字、字符、汉字、图像等。

1）数字的表示

计算机处理的多种形式数据中以数字形式尤为关键，数字计算机的计数系统是用“0”和“1”组成逢二进一的二进制系统来构成。

在生活中经常见到的十进制计数是一种权计数法。权就是当数据处于不同位置，它所表示的含义就不一样。如图 3.1 所示，图 3.1（a）表示的是十进制数 345 的含义，用式子 $3\times10^2+4\times10^1+5\times10^0$ 表示十进制数 345。同样地，二进制数也可以用这样的方法表示，图 3.1（b）是二进制数 1001 的含义表示。二进制数 1001 中从左到右各数字的权值分别为 8、4、2、1，因此用式子 $1\times2^3+0\times2^2+0\times2^1+1\times2^0$ 来表示二进制数 1001。

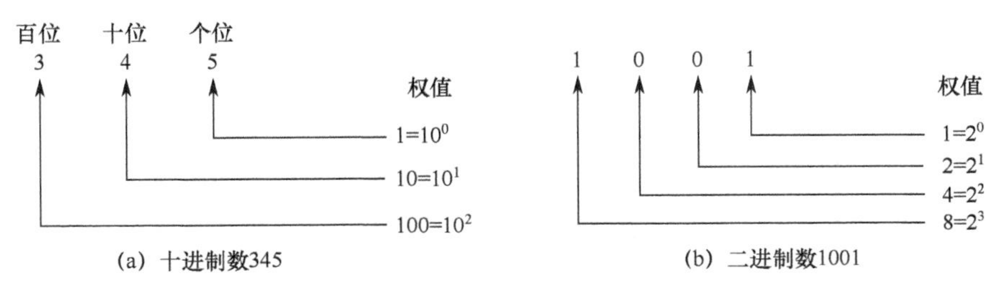

图 3.1　十进制数和二进制数的含义

任何一个数字，既可以表示成十进制数形式，也可以表示成二进制数形式。人们平时生活中习惯于把数字表示成十进制数形式。但很显然，二进制数形式的数字对计算机来说更合适。

2）数字的运算

用二进制数 1 和 0 来表示逻辑上的“真”与“假”、“是”与“非”或“有”与“无”。这样的变量因其具有逻辑性，所以称为逻辑变量。逻辑运算就是逻辑变量间进行的运算。其基本的运算主要分为 3 种，即逻辑加法（即“或”运算）、逻辑乘法（即“与”运算）、逻辑否定（即“非”运算）。

十进制数可以进行加、减、乘、除运算，二进制数也不例外。但是为了精简计算机的硬件设计，硬件不包括乘法和除法装置。那么乘法和除法又如何实现呢？在逻辑运算中，乘法运算可以用多次的加法运算实现，若干次的减法运算就能够实现除法运算。这样就使得计算机的硬件可以简化很多，但加法和减法还是有一些烦琐，能否只用一种法则来实现所有的运算？这就要求二进制数采用补码的方式来表示。补码即是把带符号的二进制正数和负数用一种形式表现出来。因此计算机中，二进制数大都是使用补码的方式实现。整数型数据使用的是固定小数点位置的定点表示法，小数型数据使用的是不固定小数点位置的浮点表示法。

2. 数值计算

当使用计算机完成科学研究和工程技术中的问题时进行的计算，就称为数值计算。在进行科学研究时以及在工程中遇到的方程式计算，会非常烦琐复杂，如果使用一般的设备来计算会很困难，此时数值计算就显得尤其重要，数值计算就是为了寻求这些烦琐方程的数值解。

当计算机还没有出现在大众的视野前，科学家以及工程师的研究与设计主要是靠试验或者测试得到数据，复杂计算无法实现。随着计算机的问世，复杂计算得到了有效解决。因此，计算机的问世给科学研究带来了天翻地覆的变化以及可观的经济效益。

在使用计算机解决问题时，首先要把问题转化为计算机可以看懂的语言，既建立数学模型，对数学模型选择一个最优的计算方法，编写程序运行得到试验结果，如图 3.2 所示。因此要得到最优的试验结果，数学模型的建立与计算方法的选择就显得尤为重要。综上，简单地说，数值计算是计算机按照一定的计算规则进行若干次数字计算而得到结果的过程。

3. 事务计算

事务，一般是指要做的或所做的事情。在计算机中是指访问并可能更新数据库中各种数据项的一个程序执行单元，通常由编程语言书写的用户程序的执行所引起。事务计算由事务开始和事务结束之间执行的全体操作组成，通过执行一系列程序，最终完成用户的操作。该过程可能会完成若干次数值计算的过程，但追根溯源，计算机底层依然是根据程序的规则进行若干次数字计算，最终完成一次事务计算。

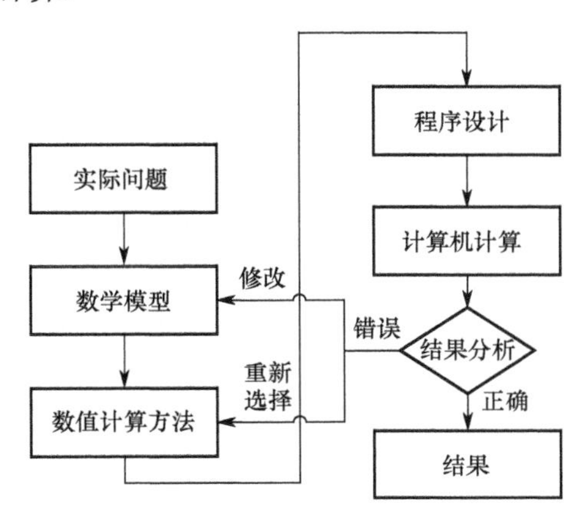

图 3.2　计算机处理问题流程框图

事务具有以下 4 个属性：

（1）原子性。事务是一个不可分割的工作单位，事务中的操作要么都发生，要么都不发生。

（2）一致性。事务执行成功时，必须使所有的数据都保持一致状态，使数据库从一个一致性状态变换到另一个一致性状态。

（3）隔离性。由并发事务所作的修改必须与任何其他并发事务所作的修改隔离。多个用户并发访问数据库时，数据库为每个用户开启的事务，不能被其他事务的操作数据所干扰，多个并发事务之间要相互隔离。

（4）持久性。事务一旦完成，它对系统的改变就是永久性的，接下来即使发生故障也不应该对其有任何影响。

3.1.2　传输概述

1. 信息传输

信息传输包含传送方和接收方，传送方将命令或者是状态信息通过信息传输通道传输给接收方，这样就实现了信息传输。信息的传输可以借助有线和无线两种方式，并且信息在传输过程中不能发生变化。信息的传送需要借助载体（如数据、语音、信号），其本身并不能实现传输与接收，并且接收方要和传送方达成对载体一致的理解。

时间上的信息传输和空间上的传输统称为网络传输。时间上的传输可以宽泛地解释为信息储存，如孔子博大精深的思想编撰成书流芳百世，得以为世人所学习与研读。空间上的传输便是大众一般理解的信息传输，从一个终端到另一个终端的信息交流，如人与人之间面对面地聊天、通过社交工具实现的交流等，这些信息传送方式打破了空间上的约束。

2. 传输技术

传输技术的目的是充分利用不同信道的传输能力，使信息得到可靠传输。衡量信道传输性能的重要指标是信息传输的有效性和可靠性。因此，为了提高传输效率，就需要找到有效的方法在给定的信道实现多信源信息的传输，这就是信道复用，信道复用就是用来提高传输的有效性。一般地，将信道复用根据方式的不同划分为时间复用、电平复用和频率复用等，频率复用和时间复用使用较为广泛。另外，在一些传输形式中，为达到系统有效、可靠地工作，就需要传送方与接收方做到一致无误差，如比特同步、帧同步、复接同步、通信网中的网同步等，实现这些同步就要求使用同步技术。

传输介质不同就对应不同的频率范围。为实现信息在给定的频率段间的传送，就需要通过调制技术来完成把信源信号的频谱搬移到指定的频率段间。最常见的调制技术有 3 种，即调频、调幅及调相等。在用调制技术实现频谱搬移时，要求有平稳、精确的振荡源，但有时候的振荡源是频率可变的，这时一般采用频率合成器实现。

3. 传输系统

数据通信系统中传输系统也是很重要的组成部分，它的主要功能是实现通信系统中源端和目的端的衔接。根据传输介质的不同，可以将传输系统划分为有线和无线两种，根据传输信号性质的不同，可以将传输系统划分为模拟信号和数字信号两种传输系统。

对于语音、数据、图像信息通过传输系统后转变为电信号，再通过调制，把频谱搬移到适合于在某种介质内传输的频率段，随后通过介质传输给接收方，接收方通过解调将调制信号转化成电信号，概括地讲，即是完成调制—传输—解调的总过程。以信道的方式定义传输系统时，它可以通过衔接两个终端系统来构成电信系统，以链路的方式定义传输系统时，它可以通过连接网络节点的交换系统来构成电信网。一般地，点对点通信系统采用图 3.3 所示的方式进行通信。

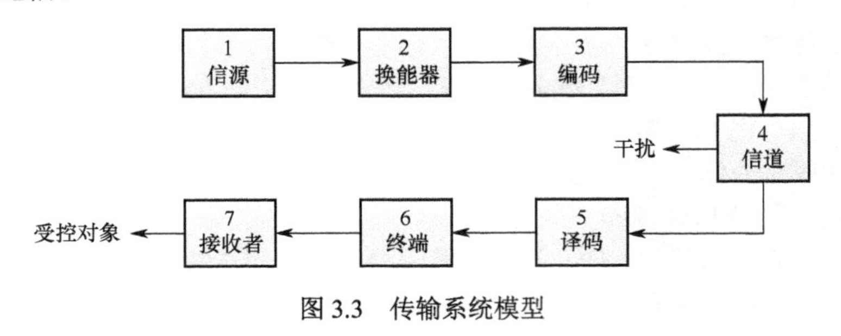

图 3.3　传输系统模型

传输系统在信号传输过程中，难免会受到周围环境因素的影响使其失真，如噪声、衰减、失真、干扰、串音、衰落等。因此，为了实现信息高质量、大容量和低成本的传输，就需要更高、更优的传输技术。一般根据传输介质以及调制技术的更新作为衡量传输系统发展水平的标志，其衡量标准主要是系统容量、传输质量、经济性、适应性、可靠性、可维护性等方面。通过提高工作频率实现对绝对带宽的扩展，通过压缩对已调信号占用带宽实现频谱利用率的提升，是对传输系统容量增大的常用方法。

3.2 计算与传输的表现形式

当今社会科技发展越来越迅速，在人们享受科技带来便利的同时，网络业务量、访问量和网络设备的处理量都呈指数式增长，因此网络链路和设备承受的负荷量猛增。企业从资源利用和成本上来说，不可能将网络中现有的所有资源换掉。如何充分利用服务资源及现有资源，平衡利用率，提高访问和处理速度，同时确保不间断访问以及服务的正常运转，成为网络控制的重中之重。

在多链路环境中，由于ISP之间存在互联互通问题，所以要实现根据网络就近性的路径判断，且当某一链路出现故障后，会将其流量导向另外链路的策略。同时，对于一般的服务器来说，每秒最多处理十几万的请求服务，如果每秒的处理量巨增，它将不堪重负。若将多台服务器从逻辑上连接在一起，组成一套服务器系统，并通过设备自身的计算能力将不堪重负的服务器上处理请求分配到系统中闲置的服务器上，这时系统处理的能力将大大提高，达到每秒处理百万次请求。对企业来说，不仅使网络工作效率提升，而且节约了资源和成本。

通过网络设备的计算将用户巨大的数据量平衡到整个系统下的各条链路和设备进行处理，再将每个节点汇总，并返回给用户。这对于用户来说，缩减了访问等待的时间，使用户的体验得到提升。

从网络的多个方面衡量网络计算的应用，依据网络的关键之处去分析。在大众的认知情况下，都是从传输链路聚合技术、应用深层次的网络替换技术以及服务器集群技术三方面去达成企业信息系统的负载平衡计算。

目前我国对于这种功能的应用遍布几个领域，首先是一些对网络要求较高的企业，如门户类网站以及一些从事证券发行和交易服务的专门行业；然后就是对带宽有着很高需求的网吧。由于国内ISP有混乱的现象，所以平衡负载计算功能就变得非常必要，从而可以多线路接入。除网吧外，小区运营商多数也采用多线路接入，此时负载均衡计算功能再合适不过。

从简而言，应用在网络计算上的“负载均衡”，即是巨量的流量通过多个网络设备通道来均衡承担。例如，一个寺庙每天需求是 10 桶水，如果只有一个和尚，就需要跑 10 趟，但如果有 10 个和尚来承担这 10 桶水，只要一趟就可以了，负载均衡就是同样的原理，使用多个网络设备来完成一个设备的工作量，这样便实现了网络信息的更高、更快处理，从而在性能上得到进一步优化。该技术在服务器、路由器及交换机等网络设施中已经被广泛使用。

在当今互联网互通的时代，高并发几乎成为茶余饭后的话题。不管是 Web 站点还是应用软件，衡量其性能是否优越的标准都是高峰时段所能承受的并发需求。阿里巴巴双 11 期间会达到上亿的需求和点单，但仍然可以维持住系统不崩溃，这确实展现出阿里巴巴高超的水平。因此问题出现，网络系统负载能力是什么？如何对其进行权衡？与之相关联的因素是什么？又如何做才能进一步提高性能？

1. 衡量指标

衡量一个网络系统负载能力的关键因素是每秒请求数，即一秒钟有多少需求数可以被成功处理。例如，即使配置服务器的参数为无穷大，依旧会受到来自服务器或是硬件的约束，因此一定时间内还是有许多需求是没有被完成的，这样这些需求就成为失败的请求，对于得到响应的请求即是每秒请求数，才能准确地反馈网络系统的负载能力。

一般地，一个系统每秒请求数会随着并发用户数量的增多而增长。但是，最后会到达一个点，这个点上并发用户数对服务器出现压倒性趋势。这时，如果并发用户数量依旧处于增加的趋势，则每秒请求数呈下降趋势，反应时间也并不会减少，反而增加。因此，这个点就显得尤为重要，刚刚达到这个点的并发用户数量就被视为当前系统的最大负载能力。

2. 相关因素

通常带宽、硬件配置、系统配置、应用服务器配置和程序逻辑等因素与系统并发访问量相关。其中，起决定性作用的是带宽和硬件配置，它们共同作用来决定网络系统的负荷能力。因此，要着重留意怎样让网络系统的负荷能力在当前条件的带宽和硬件配置下实现最大化。

3.3 网络中的负载均衡

负载均衡建立在现有网络结构之上，它提供了一种廉价、有效的方法扩展服务器带宽和增加吞吐量，加强网络数据处理能力，提高网络的灵活性和可用性。它能让多条链路或多台服务器共同承担一些繁重的计算或 I/O 任务，从而以较低成本消除网络瓶颈，提高网络的灵活性和可用性。根据负载均衡的工作原理可以分为链路负载均衡、服务器负载均衡、广域网负载均衡 3 种负载均衡方式。对不同环境及应用进行服务。本节将对前两种进行分析。

3.3.1 网络计算中负载均衡

1. 服务器负载均衡

随着数据量的剧增，单台服务器处理巨大的数据越发乏力，而需要一个服务器组或者集群同时进行处理，这时就将用到负载均衡技术。

负载均衡设备消除了服务器之间负载不均衡的现象，对服务器组工作数据的分配进行了优化，从而整个系统的响应时间和可靠性得到优化。负载均衡设备能够监控服务器的工作情况，第一时间发现工作异常的服务器，同时将用户的请求数据转到其他运行正常的服务器上，从而向用户提供可靠的服务。当需要处理数据量增大时，可以根据情况添加服务器，从而在简化管理的基础上提高整个系统的可扩展能力。负载均衡设备纵跨除物理层的其他层，通常被安装在连接网络和应用设备的位置，它也被称为“4～7 层交换机”。

服务器没有进行负载均衡时，用户通过 IP 地址直接向服务器发送请求。随着用户量的递增，访问数据量超过服务器承受能力时，由于性能限制使单台服务器无法处理。此时，应该考虑采用多台服务器形成服务器群系统，来为用户提供可靠而高效的服务，当中就采用了负载均衡技术。简单概述负载均衡设备的原理，就是将多台服务器的地址映射成一个对外的服务 IP 地址。对用户来说，服务器进行负载均衡是一个透明的过程，用户向服务器发送请求的 IP 地址依然是原本的目的地址，始终没有发生变化。那么当用户的请求到达负载均衡设备后，利用负载均衡技术将用户的请求合理地划分到各个服务器中进行计算处理，保证各个服务器负载平均，给用户提供可靠的服务。下面通过示例解释采用负载均衡服务器集群时的用户访问流程。

图 3.4（a）所示为用户发起请求的过程，假设 IP 为 175.155.248.32 的用户访问域名 www.baidu.com，首先该域名通过 DNS 服务器解析出它的公网 IP：119.75.217.109，然后用户 175.155.248.32 将访问请求传输至 119.75.217.109 服务器，访问请求传输至负载均衡设备，并通过自身的计算能力合理地把用户的数据划分到各个服务器中。

数据包被合理划分给各个服务器时，数据包中的数据会被改变。如图 3.4（b）所示，用户发送出的数据包中源地址为 175.155.248.32，目的地址为 119.75.217.109，但经过负载均衡后，数据包中源地址不变，目的地址却被更改为 172.16.20.1，这种技术称为目的地址转换（Destination Network Address Translation，DNAT）。通常情况下，服务器实现负载均衡时 DNAT 是必不可少的环节，而源地址是否转换需要根据部署模式而定。旁路模式将进行源地址转换（Source Network Address Translation，SNAT），而串接模式可忽略，图 3.4

（b）中不需要进行 SNAT。

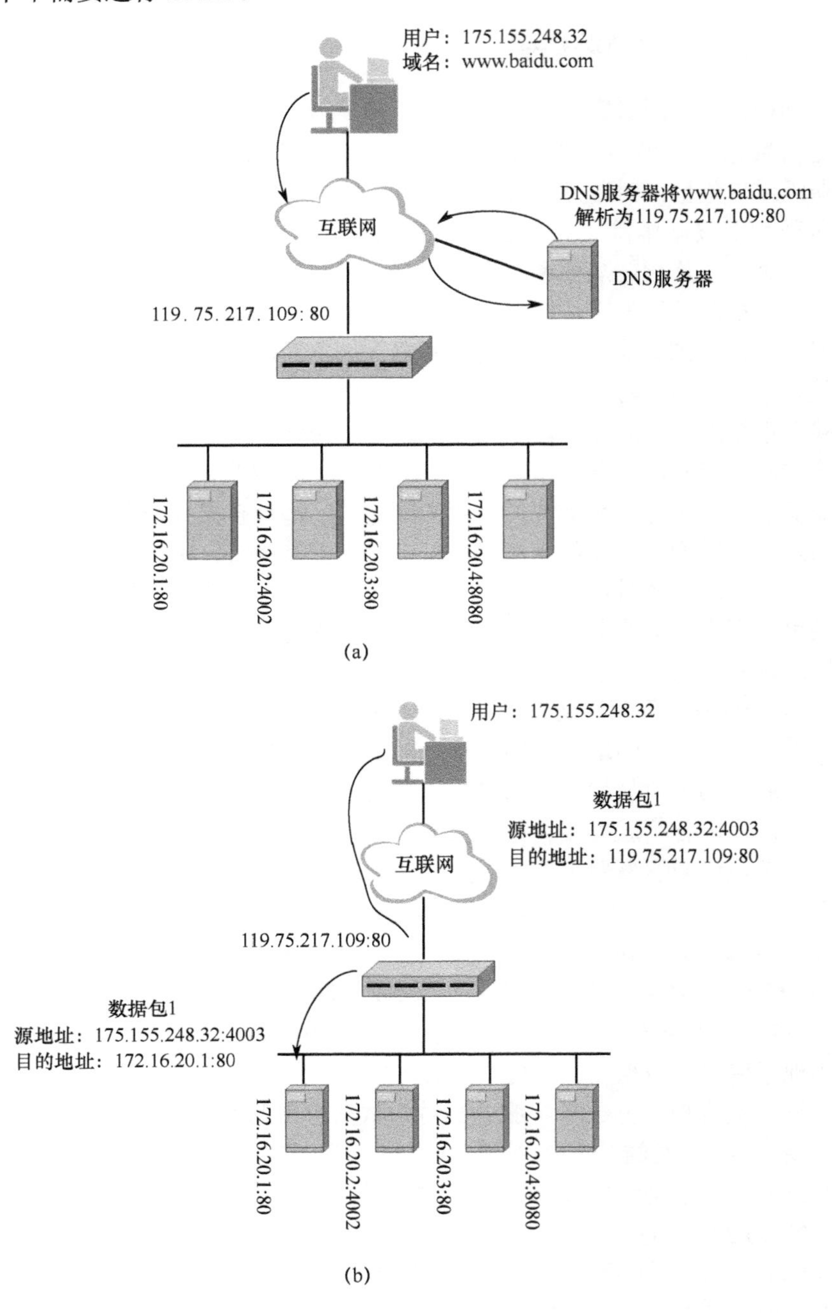

图 3.4　用户请求流程

当服务器处理完成后返回给用户数据包，同样也进行了地址转换

（Network Address Translation，NAT）的环节，此时响应数据包中的源地址和目的地址与请求时的恰好相反，源地址为 172.16.20.1，目的地址为 175.155.248.32，经过负载均衡器时，其数据包中的源地址将会被改为 119.75.217.109，再传回用户，确保数据的一致性，整个服务器响应流程如图 3.5 所示。

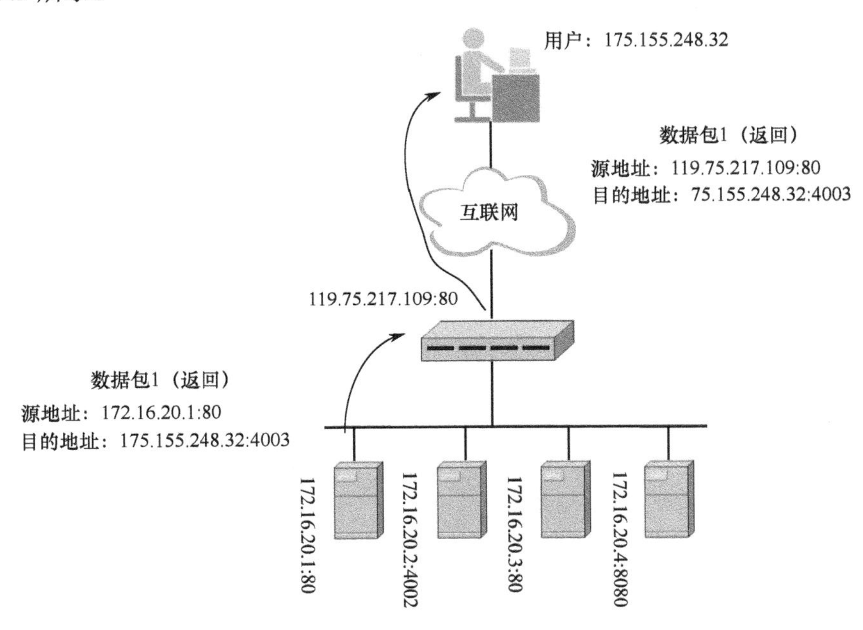

图 3.5　服务器响应流程

上面介绍了服务器处理单数据包的过程，当多个数据包到达时需要选择合适的服务器。负载均衡算法、健康检查和会话保持是确保服务器负载均衡发挥作用的 3 个最基本特征。另外的一些功能都是在这 3 个基本特征上进行深度开发的功能。下面详细描述各自的作用和工作原理。

1）负载均衡算法

负载均衡设备一般支持下面多种均衡分配策略。

（1）轮询。用户的请求数据将按顺序循环地发送给工作中的服务器，当有服务器发生异常时，它将不参加下一次的循环，直到正常工作。

（2）比率。负载均衡设备将按照分配给每个服务器的加权值比例，把用户请求分发到各个服务器。当有服务器发生故障时，它将不参加下一次的用户请求分发，直到正常工作。

（3）优先权。将全部服务器进行分组，并对各组分配优先权，然后把用户请求按照轮询或比率算法分发给优先级最高的服务器组；若当前组中全部服务器或指定数量服务器发生异常时，负载均衡设备将用户请求发送给下一个优先级的服务器组。该方案达到了热备份的效果。

（4）最少连接数。负载均衡设备将会对当前工作服务器和服务端口上的连接数进行备份，让连接数量最少的服务器来处理新用户请求，当有服务器产生异常时，它将被移除队列不被分发请求，直到正常工作。

（5）最快响应时间。让那些处理速度最快的服务器来处理新用户请求，当有服务器产生异常时，它将被移除队列不被分发请求，直到正常工作。

（6）哈希算法。用哈希算法对源地址端口进行运算，根据运算后的值发送用户请求到相应的服务器进行处理，当有服务器产生异常时，它将被移除队列不被分发请求，直到正常工作。

（7）基于策略的负载均衡。针对不同的数据流设置导向规则，用户可自行编辑流量分配策略，利用这些策略对通过的数据流实施导向控制。

（8）基于数据包的内容分发。对 HTTP 的 URL 进行判断，当 URL 中带有指定的扩展名时，就把数据包转发到指定的服务器。

当下一个用户 175.155.248.33 也在此时访问域名 www.baidu.com 时，将通过负载均衡算法把此用户的访问数据包转发，让另一台服务器进行处理。用户的请求与响应流程如图 3.6 所示。

若在正常的工作中，其中一台服务器发生了严重故障，此时就需要分析负载均衡的第二个特征，即健康检查。

2）健康检查

健康检查是对服务器运行中的不同服务状态进行检查。负载均衡设备通常具备多种检查方式，如 Ping、TCP、UDP、HTTP、FTP、DNS 等。Ping 用于检查服务器之间 IP 的连通性，属于网络层的健康检查方式；TCP/UDP 检查服务器端口的 UP/DOWN，属于传输层的方式；若进行更加准确的检查时，需要用属于应用层的健康检查方式。例如，创建一个 HTTP 检查方式，当页面 GET 回来数据时，如果检查到数据中包括指定的字符串，则说明服务器的 Web 服务是可用的，否则该服务器的服务状态是不可用的。

如图 3.7 所示，当 172.16.20.3 服务器的 80 端口不可用时，负载均衡设备会立即检查到，并不会再把用户请求发往该台服务器，而是通过算法把连接转发到其他服务器。负载均衡设备在创建健康检查时可对检查的时间间隔进行设置。例如，时间间隔设置为 5s，失败次数为 3 次，负载均衡设备会对服务器每 5s 进行一次健康检查，如果连续 3 次检查失败，那么判定该服务器端口不可用，然后依然会对该服务器每 5s 进行一次健康检查，直到检查成功时，负载均衡设备判定该服务器已经正常工作，将会对其分发业务。健康检查的时间和次数需要根据实际情况综合考虑设定，做到既不会影响业务的处理，又不会让负载均衡设备不堪重负。

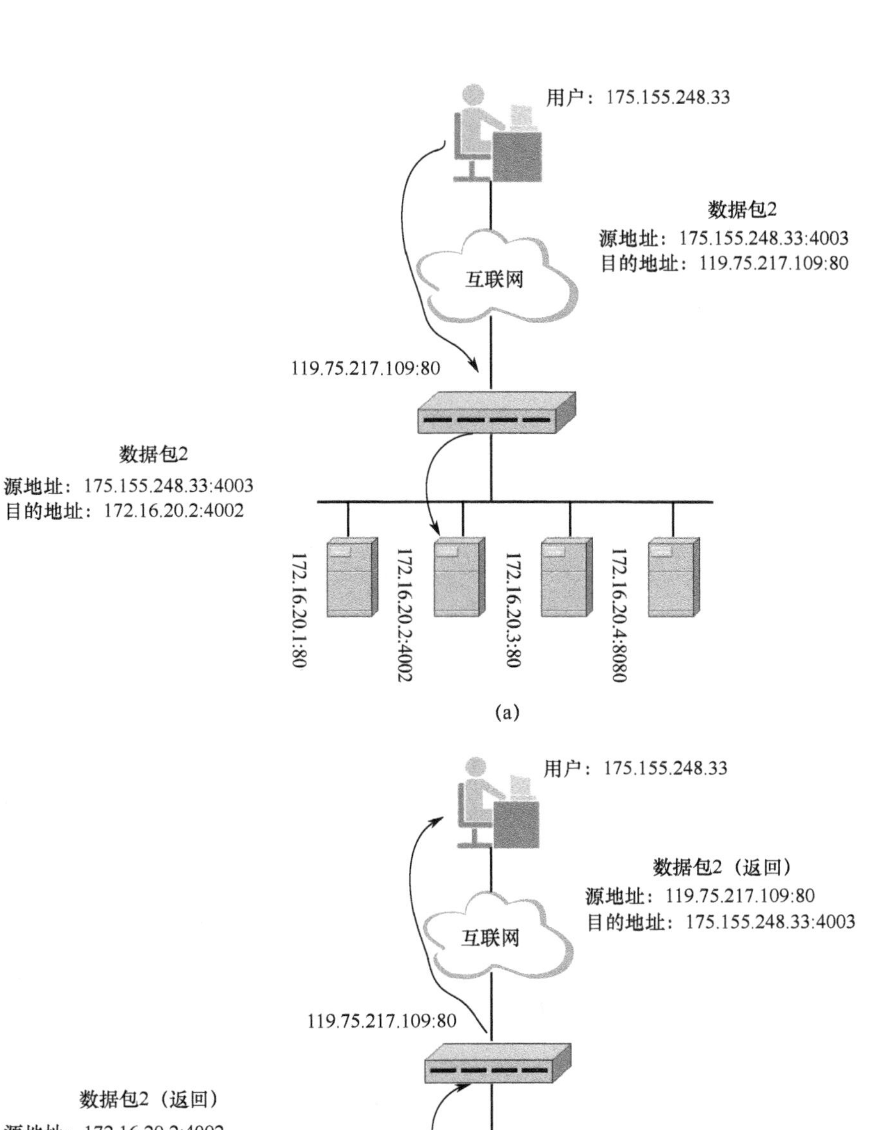
用户：175.155.248.33
数据包2
源地址：175.155.248.33:4003
目的地址：119.75.217.109:80
互联网
119.75.217.109:80
数据包2
源地址：175.155.248.33:4003
目的地址：172.16.20.2:4002
172.16.20.1:80
172.16.20.2:4002
172.16.20.3:80
172.16.20.4:8080
(a)

用户：175.155.248.33
数据包2（返回）
源地址：119.75.217.109:80
目的地址：175.155.248.33:4003
互联网
119.75.217.109:80
数据包2（返回）
源地址：172.16.20.2:4002
目的地址：175.155.248.33:4003
172.16.20.1:80
172.16.20.2:4002
172.16.20.3:80
172.16.20.4:8080
(b)

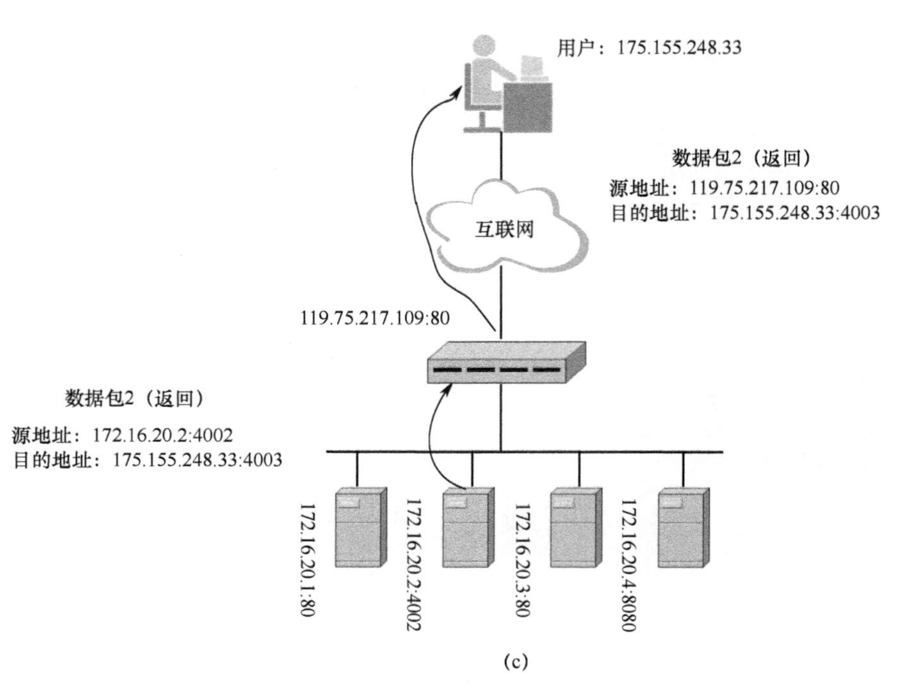

(c)

图 3.6 请求和响应流程（一）

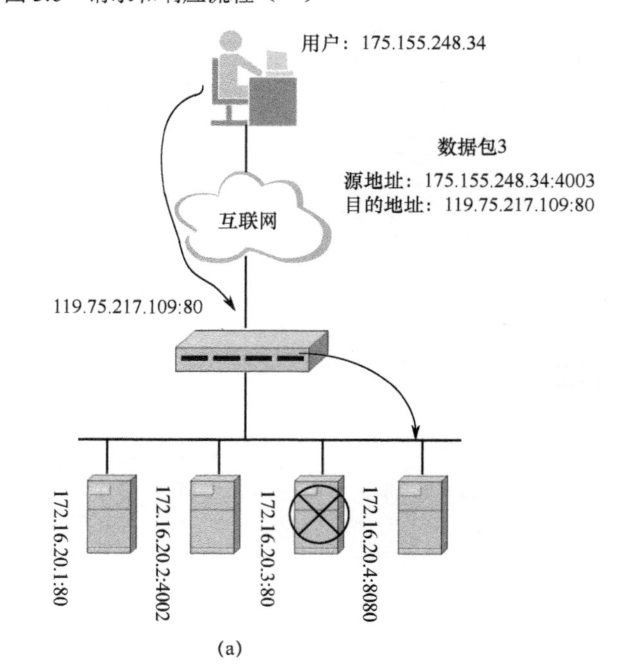

(a)

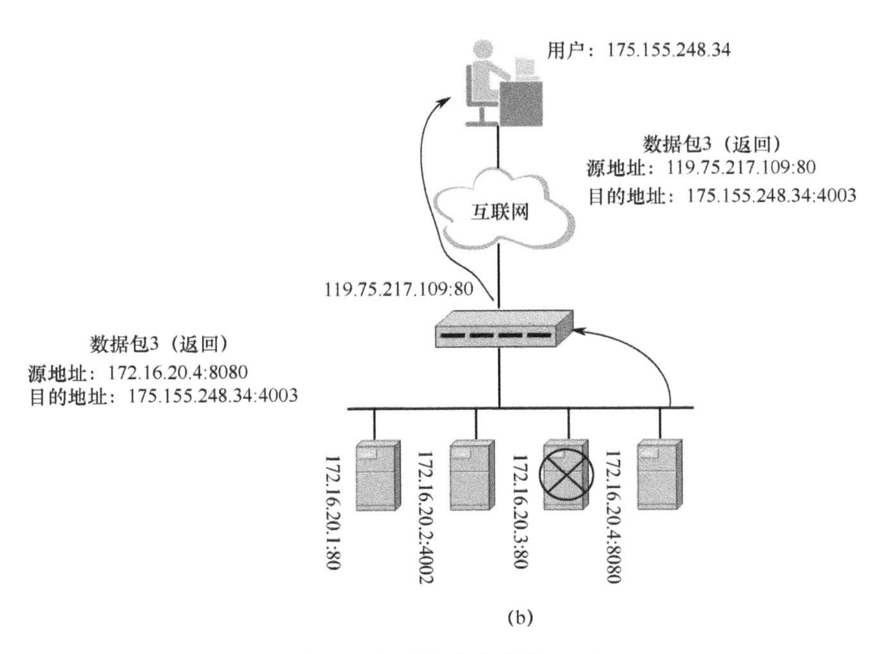

图 3.7　请求和响应流程（二）

如果相同用户继续进行访问相同的地址，负载均衡服务器将会继续发挥作用，将请求转发至空闲服务器进行处理调整，并保证会话连接。如图 3.8 所示，用户 175.155.248.34 之前访问的第一个是 175.155.248.34：4004 到 119.75.217.109：80 的连接，经过负载均衡之后将目的地址改为 172.16.20.4，立即进行 175.155.248.34：4004 到 119.75.217.109：80 的第二个连接，此时可以观察到，该连接依然发送到了 172.16.20.4 地址，这是由于负载均衡设备进行了会话保持的配置。

3）会话保持

服务器之间进行实时同步用户请求比较困难，为了达到会话的一致性和连续性，就需要用一台服务器来对用户前后的访问会话进行处理，此时就要分析负载均衡的第三个特征——会话保持。例如，当用户访问一个购票网站时，若用户的身份认证操作通过第一台服务器进行处理，但是用户的购票操作是另一台服务器进行处理，第二台服务器不能得到第一台服务器上的用户身份信息，那么此次购票将失败。会话保持很好地解决了该问题，用户的整个操作都由一台服务器进行处理。但不是所有用户访问都要进行会话保持，如果服务提供的是网站的新闻信息这种静态页面时，每个服务器具有一样的内容，此时就不需要会话保持。

负载均衡设备对于会话保持通常都会进行默认的配置，如源地址和

Cookie 的会话保持等。为了防止引起负载的不均衡甚至访问异常，对于不同的应用需要进行不同的会话保持配置。

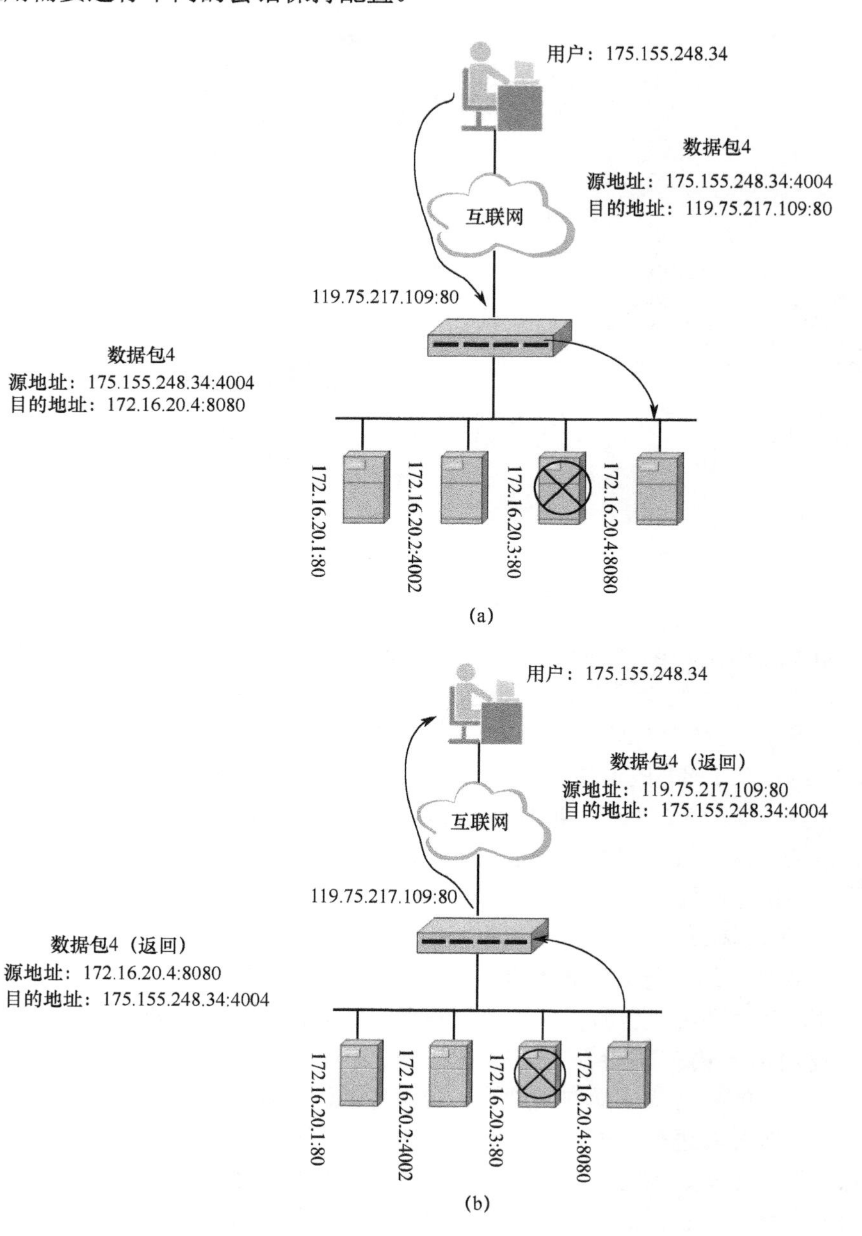

图 3.8　请求和响应流程（三）

2. 云计算负载均衡

1）云计算负载均衡的重要性

云计算技术已经在 IT 业界深受欢迎，遍布在全球各个角落的部门都看到了部署云服务的优点。AFCOM 曾经对此做出过统计，2016 年已有 4/5 的企业完成了云计算相关的基础设施部署。但是，能够把云服务中 Web 应用程序的性能进行高效率运用的只有不到 1/3 的企业。因此，拥有一款应用交付控制器是进行高速云计算的重中之重。

一个企业既想让自己的客户满意，还要保证强有力的业务持有率，并保证在云计算环境下达到高速的 Web 应用程序，重点是要完成应用程序在性能管理上的处理方案，如典型的云计算负载均衡器或应用交付控制器。有了这些工具，不管是物理服务器还是虚拟服务器或是云服务器都会受益，它们协助服务器把可用资源的访问请求进行分发。这样停机时间和延迟问题也得到有效避免，并且保证了 Web 应用程序一直有效且真实，从而能达到较快的速率。

ADC 的核心即云计算负载均衡功能，依据该核心，在云计算环境下实现了有效的分派可用资源，云平衡也涵盖其中。借助云平衡，企业能够实现把 Web 应用程序部署到多个云或区域中，这样能够保证在流量涌入时，都能够得到可用资源的支持。云平衡的强大功能，不单单是加强可用性以及 Web 服务的灵便性，还能够确保供应云服务的商家有一家发生故障时不会影响云中部署的任何应用程序，依旧能够简洁地实现将故障转移到事先储备好的云或区域中。

部署高速的 Web 应用程序和服务成为云计算中越发重要的环节，并且消费者对更高网速的网站和良好的服务越来越青睐，在此趋势下，越来越多的企业开始向着云计算转型。在云计算环境中运用云计算均衡将会把应用程序管理的难度大大降低。

2）云计算环境中负载均衡的实现方案

云计算一般是指拥有大量的服务器，物理服务器或者虚拟服务器在位于不同地区的数据中心，不同的计算任务根据需要获取计算能力、存储空间、信息服务。因此，可以看出云计算最突出的特性是分布式和虚拟化技术。后者的功能即为把传统的硬件条件抽象成虚拟资源池，用户依照自身的需要对相应的资源提出请求。虚拟化技术独立于硬件而存在，虚拟机与虚拟机间彼此不影响，因此虚拟化技术拥有优良的隔离性，是逻辑上的物理资源。

传统的集群使用静态的调度算法就可以满足大部分需求，但是将同样的方案用于云计算环境中会遇到新的问题，比如地理位置不同造成的通信延时，传统的机房机器的地理位置近，在距离较近的网络环境中时延可以忽略不计，所以静态调度算法中没有考虑地理位置不同的时延问题。但是在云计算环境中，计算节点的空间分布一般比节点分散，所以在负载均衡调度请求时需要考虑命中的节点与客户端之间的距离，以及互相协作完成任务的节点之间的距离。

3.3.2 网络传输中负载均衡

1. 链路负载均衡

用户带宽资源的分配需要多链路的接入作为保障，针对多链路性能用户怎样进行充分利用；用户对访问产生的进出流量调度以及智能分配流量怎样进行恰当的分配；流量链路负载平衡进行怎样的调整。这些问题都属于在链路优化方式中不能掌控的困难。

为了保证外网用户和内网用户能够不间断并且快速地访问，采用多条接入链路的方式，当其中一条链路发生故障时可以保证无延时地自动切换。但因为设备支持和路由支持策略问题，不能确保每条链路都被恰当地使用，可能导致各条链路的利用率非常不平衡，甚至出现闲置链路，造成链路资源极度浪费。

1）链路负载均衡解决方法

针对上述问题提出了对链路负载智能分配流量及智能链路负载流量管理的解决方案。

图 3.9 所示为链路负载均衡网络架构图，在这个网络架构中，主要针对链路流量管理及分配应具有以下功能：

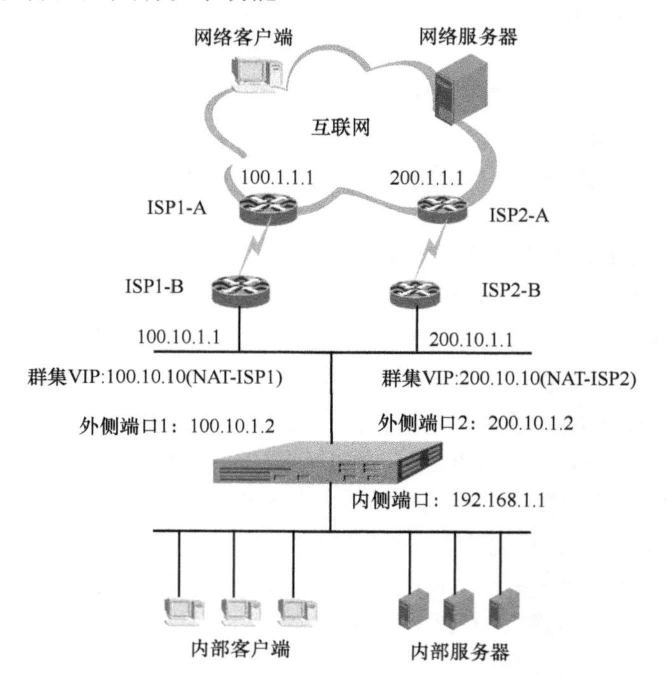

图 3.9 链路负载均衡网络架构

（1）智能管理不同 ISP 提供的 IP 地址网段；

（2）优化所有的 ISP 链路，智能分配所有通过负载均衡设备的可用链路的流量；

（3）自动选择流入流出流量的最佳 ISP，保证每个用户都可以快速访问分部的服务器，而不受 ISP 之间互联互通问题的影响；

（4）通过策略路由强制流量，通过某个 ISP 的链路，以解决用户访问不同 ISP 不同站点的速度问题；

（5）在某条链路失效时，所有流量仍可以经过另一条链路正常进出，以保证系统提供服务的不间断性。

2）流出流量处理解决策略

流出流量使用目的 IP 的规则，当用户对访问的目标服务为网页服务或其他访问请求的流量时，用户的请求首先通过代理进行访问，代理服务器将发送请求到负载均衡设备，然后负载均衡设备根据收到请求的目标地址范围，把代理服务器的流量指向相应的 ISP 链路。

3）流入流量处理解决策略

当链路出现故障后，对外无法提供正常的服务，所以不仅需要管理流出的流量，还必须管理来自互联网的访问，即流入流量。

流入流量使用目的 IP 的规则，当用户访问请求的目标地址时，分配流入流量对应的链路。但对于不清楚 ISP 地址范围的情况，用户的访问请求能够通过特别算法指定一个性能较优的链路上，同样根据有关算法，对各个 ISP 的地址添加各自的加权值，然后由加权值的顺序分配多个地址作为用户每次解析请求的返回值，地址被指定的频率与加权值成正比。通过该算法，用户能够对不同带宽的链路进行恰当的流量分配。

2. 路由器负载均衡

在多 WAN 的基础上，很快就加入了负载平衡计算的功能。通过接入运营商的类别，可以将“负载均衡”分为两大类。一类是当接入的多条链路为同一运营商时，为了防止单一链路出现拥塞现象，可以通过智能负载均衡和指定路由模式，实现多条链路均衡负载的作用。另一类是接入的链路为多种运营商时，为了较好地减少跨网成本，实现存储和取信息速度更快，可以运用策略路由，把不同运营商链路中的应用封包流量，进行明确的分流操作。

当接入多条链路后，用户怎样设定才能达到最优的负载均衡模式？目前有 3 种负载均衡模式，能够全面地将网络架构中所采取的措施包括其中。

1）智能型负载均衡

智能型负载均衡模式是依据接入 WAN 端带宽的大小比例，自动完成负载均衡工作，进一步协助达成带宽使用率的优化目的。图 3.10 所示为利用智能型负载均衡方法选取最优负载均衡模式的总体框图。智能型负载均衡模式中，提供了联机数均衡与 IP 均衡两种选择。

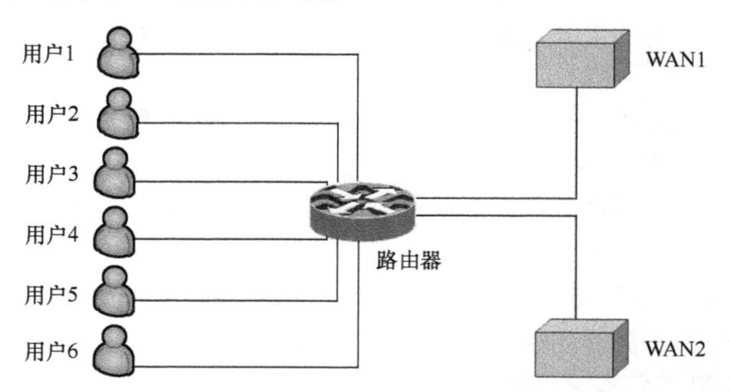

图 3.10 利用智能负载均衡方法选取最优负载均衡模式的总体框图

联机数均衡是依据 WAN 端带宽大小比例，将内网所有的联网机数做均衡分配。例如，WAN1 接入 4Mb/s、WAN2 接入 2Mb/s，则联机数就会依据 2:1 分配。此种配置是网管员最一般的配置模式。

而 IP 均衡模式是为了避免某些网站（EX 银行网站或 HTTPS 类型的网站）只能接受来自同一个公网 IP 所发出封包的瓶颈。如果采用联机数负载均衡模式，会发生该 IP 所发出的访问封包不一定是从固定 WAN 口流出，造成特定网站拒绝服务，导致断线情况的发生。如果采用 IP 均衡，让 IP 依据 WAN 端带宽大小进行比例均衡分配，如 WAN1 与 WAN2 的带宽比例为 2:1，则 PC1、PC2 走 WAN1，PC3 走 WAN2，PC4、PC5 走 WAN1……，即可达到同一个内网 PC 所发出的应用服务封包，都从固定的 WAN 口（公网 IP）流出，而整体内网 IP 也会依据带宽大小比例，自动进行均衡配置。此种配置比较适合常常需要进入特定网站时选择。

2）指定路由

前面介绍了负载均衡，与智能负载均衡比较，指定路由是将自由设定与例外原则进行了更多的保留。由于智能型负载均衡是要在整体 IP 或者整体内网联机数的基础上进行分配，所以就会有不可以对某种应用服务、某个有特殊要求网址、某个有特殊要求 IP 从哪个 WAN 口出进行指定的限制。因此，这会给需要优先发送的一些特殊的邮件、VOIP 等或者是一些公司的老板、高管等特殊规定的人士需要优先传送带来不便。

因此，指定路由绑定可调配协议，对特定应用服务、特定目的网址和特定 IP 网段通过特定 WAN 口出去做出指定。对于没有绑定的部分，则依照协议绑定模式或是 IP 均衡模式两种模式进行智能负载均衡。

3）策略路由

在我国许多地区大多存在各大运营商间互相不相通的跨网问题。例如，某公司使用的是电信网的线路，但是如果想要从电信网去对网通中服务进行访问就会出现非常缓慢的问题，这是由于各网络运营商间不互通所导致的。

如果能够把两个甚至多个互相不连通的 ISP 线路进行分流，即电信的服务走电信的特定通道，网通的服务走网通特定通道，这样就会使服务速度大大加快，有效地降低了跨网造成的难度，所以提出了策略路由，即在设计路由器时，在接口处运用内建的某个特定运营商策略模式，对特定的某个运营商指定特定的 WAN 口通道。图 3.11 所示为一个采用策略路由方式选取最优负载均衡模式的总体框图。

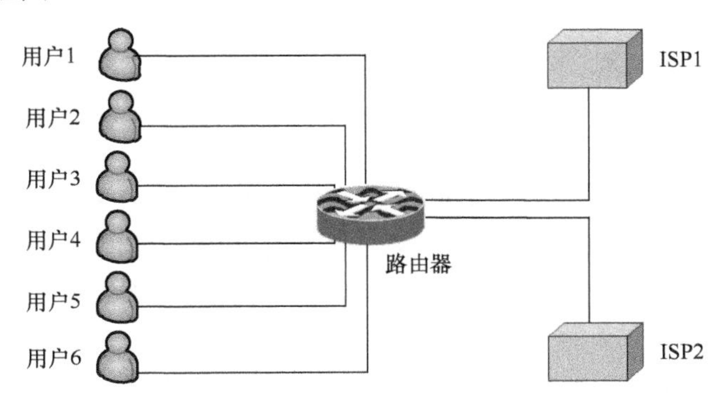

图 3.11　采用策略路由方式选取最优负载均衡模式的总体框图

策略路由在电信网通分流最为普遍，在一些校园网络专线、医保专线、跨国企业以及一般网络的双网配置架构中也有运用，起到整合、提高双网服务效益的作用。

“负载均衡”的计算使得网络拥塞问题在某种程度上得以解决，内网服务器的响应时间、网络资源利用率也得到有效改善，用户得到更加高效便利的网络服务质量，并且拥有选择的权利，可以依照自身的情况选择与自身最匹配的“负载均衡”模式。

3.4　资源虚拟化

网络中，资源虚拟化就是对 IT 基础设施进行简化，将计算机物理资源予以抽象、转换后呈现出来，使消费者可以比原本的组态更好的方式来应用这些资源。这些资源的新虚拟部分不受现有资源的架设方式、地域或物理组态所限制。本节资源虚拟化将对计算和传输能力进行讨论。

3.4.1　计算资源虚拟化

网络计算虚拟化是近几年 IT 行业的一大发展趋势，然而这一概念其实在多年前就已经出现。在计算机出现早期，由于资源有限，所以多人共用一台机器，但因此产生很多不便，大家都希望能拥有各自的独占环境，虚拟化概念由此产生。将一台大机器虚拟成若干个小机器，然后让每个人拥有一台小机器，也就是所谓的独占环境。

网络计算虚拟化通常是指将每台物理服务器划分成多台虚拟服务器。每台虚拟服务器像真正的服务器一样运转，可以运行操作系统和辅助的完整应用程序。虚拟服务器是进行计算的基本单元，它们组成了随时可用的庞大资源池。

1. 网格计算

1）网格计算概述

如果要了解网络计算，首先要从分布式计算的定义着手。从泛义来讲，分布式计算即为一种计算机科学，如图 3.12 所示，它主要针对如何将一个任务量巨大的计算问题划分为许多小的方块进行研究，然后将这些小方块再分配给计算机做进一步处理，再把计算机的处理结果进行综合作为最后的处理结果。近些年来，分布式计算项目越来越火热，将世界各个地方的志愿者的计算机闲置计算能力通过互联网整合统一，然后用于大型的计算项目，如要对太空的电信号做分析、探索地球以外星球是否有生命、针对艾滋病寻求更为有效的对抗药物等，这些工作无疑是巨大的，需要很大的计算量，如果只想靠一台计算机或者某个单独的个体在短时间想要完成几乎是不可能的。因此，分布式计算的提出对于这类问题的解决提供了有力的保障。

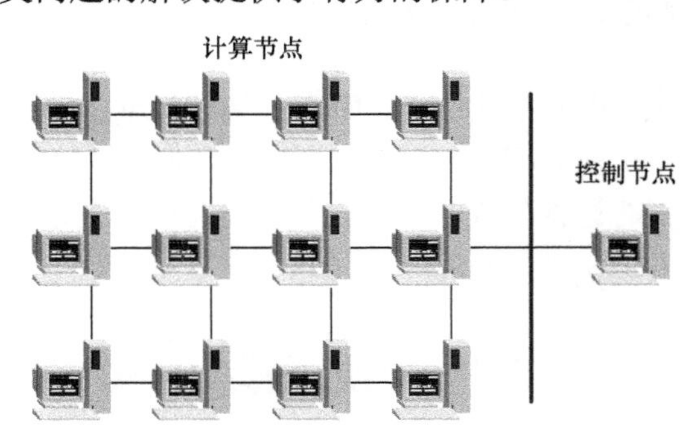

图 3.12　分布式计算示意图

分布式计算拥有很大的计算规模，与最初出现的并行计算比较，它主要对规模更大的计算问题做出处理。二者本质的不同是：并行计算中，所有的处理器共享内存，因此多个处理器间可以交换共存的内存信息；而在分布式计算中，是分布式的内存，即每个处理器都有独享的内存，因此信息的交换要靠处理器之间进行传递。图 3.13 对二者的不同进行了说明。图 3.13（a）是典型的分布式系统，图 3.13（b）则是所有处理器共享内存的并行系统。

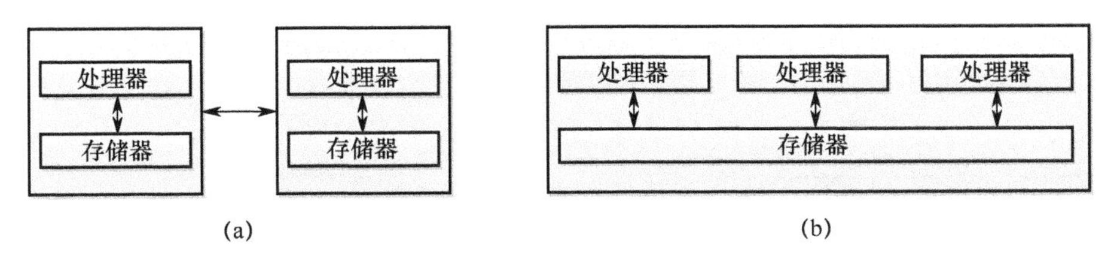

图 3.13　分布式计算与并行计算的区别

分布式计算中一种典型的计算，即网格计算，网格广义地说，就是一个计算资源池。网格实现对多种计算资源进行充分吸收的功能，同时将吸收的资源转化为一种到处可得的、精准的且经济可靠的计算能力。除了各种类型的计算机外，这里的计算资源还包括网络通信能力、数据资料、仪器设备甚至人等各种相关的资源。而基于网格的问题求解就是网格计算。

上面给出了网格以及网格计算广义上的定义，狭义的定义网格计算，就是将分布的计算机整合起来协同处理烦琐的科学与工程计算问题。而网格在狭义上定义主要是对科学与工程问题进行解决，也被称为计算网格。

2）网格计算的目的和意义

借鉴电力网概念提出了网格的概念，所以其目的与电力的目的大同小异，就是为了让用户在运用网格计算能力时就像运用电力一样便捷。用电时，不必了解电力来自哪个发电站，同样也不必了解电力是如何产生的。网格的提出也是为了让使用者只是享受其所带来的便捷。图 3.14 是对电力网与网格组成对比的图解。

网格概念的提出在本质上使人们对“计算”的态度有了很大转变，因为网格给予的是与之前完全不同的计算方式。其核心即为它打破了之前强加于计算资源上的各种约束，让人们能够在使用计算资源时更为自由、便捷，从而对更烦琐的问题做出处理。

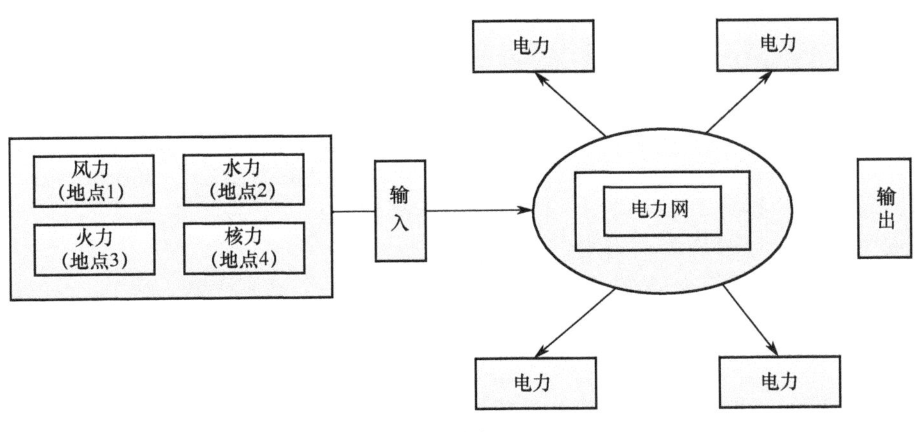

(a) 电力网

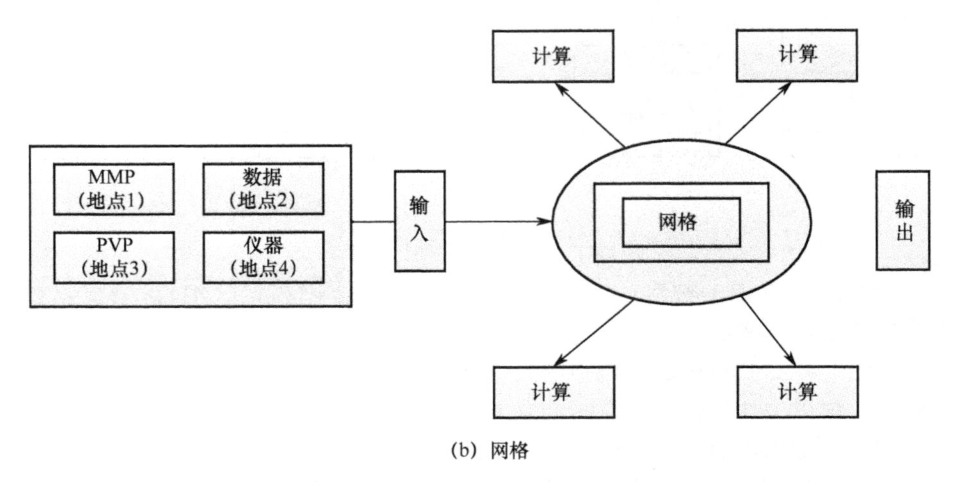

(b) 网格

图 3.14 电力网和网格组成对比

2. 云计算

1）云计算概述

在当前的 IT 领域中，云计算可谓是无人不知无人不晓。云计算是基于互联网的相关服务的增加、使用和交付模式，通常涉及通过互联网来提供动态易扩展且经常是虚拟化的资源。云计算拥有快速的运用能力，每秒能够达到 10 万亿次，因此，这对于需要巨大计算量的核爆炸问题、天气预测数据以及市场发展形势能够进行模拟。用户利用个人计算机、手机等与数据中心连接，就可以根据自己的需要进行运算。

云计算的定义可谓多种多样。目前的资料对于云计算的解释就有 100 多种。从最大的层面上来讲，云供应商、分析人员和使用成员慢慢形成一种共同的认知，他们定义云计算为由第三方给予的高层计算服务，不仅信手拈来，而且能依照所需量的变化而变化。云计算与传统的 IT 系统的开发、运营以及管理模式背道而驰。从经济学上分析，云计算的使用不但具有很大经济效益，而且还衍生出更大的灵活性和机动性。目前，广为接受的是美国国家标准与技术研究院定义：云计算是一种按使用量付费的模式，这种模式提供可用的、便捷的、按需的网络访问，进入可配置的计算资源共享池（资源包括网络、服务器、存储、应用软件、服务），这些资源能够快速提供，并且只需投入很少的管理工作，或与服务供应商进行很少的交互。

2）云计算的五大原则

云计算的五大原则总结如下：

（1）任何订阅用户均可使用的计算资源池；

（2）最大化硬件利用率的虚拟计算资源；

（3）按需伸缩的弹性机制；

（4）自动新增或删除虚拟机；

（5）使用资源时只按使用量进行计费。

这些原则未来也不会发生显著变化，它是把某事物作为云计算的必要条件。表 3.1 对这些原则进行了总结，每条原则后面都附有便于快速参考的简短解释。

表 3.1　云计算的五大原则

资源	解释
资源池	任何订阅用户均可使用
虚拟化	硬件资源的高效利用
弹性	无需资本开支即可动态伸缩
自动化	构建、部署、配置、供应和转移都无需人工介入
度量计费	根据使用量进行收费的业务模型，只为使用部分付费

接下来解释每条原则的含义及其作用。

（1）计算资源池。资源以共享资源池的方式统一管理。利用虚拟化技术，将资源分享给不同用户，资源的放置、管理与分配策略对用户透明。

（2）计算资源虚拟化。用户可以自己选择所需的 CPU 数目、内存磁盘大小、宽带等资源。通过虚拟机封装起来，实现用户之间的互不干扰。

（3）随资源需求量伸缩的弹性。云计算可以根据服务的资源需求进行弹性伸缩，自动适应业务负载的不断变化，即使业务负载快速增长，也不会因为资源的限制而造成服务质量下降，当业务负载下降时，资源也会自动释放，不会造成服务器性能过剩。

（4）新资源部署自动化。云计算的新资源部署自动化指云计算系统可以自动部署一个新的虚拟机，而且支持批量部署，部署速度非常快。对应地，当业务缩减时，也可以回收不需要的虚拟机，实现资源的高效利用。

（5）按使用情况度量收费。实时对用户的资源使用量进行监控，系统可以根据用户对资源的使用情况计费，从而实现灵活地按需收费，不同于以往的按时间收费。

3.4.2　传输资源虚拟化

网络的传输虚拟特性是近几年网络虚拟化研究中的一个热点问题，通过传输虚拟化进一步提升了网络虚拟化的能力。传输虚拟化的主要思想是对数据传输资源的一种抽象。在传输虚拟化中，一个抽象的数据传输资源可以由底层物理传输资源或者重叠网络资源构成，这些资源可以单独使用也可同时使用。网络传输虚拟化技术已经发展了多年，典型的技术包括虚拟局域网（Virtual

Local Area Network，VLAN）、虚拟专用网络（Virtual Private Network，VPN）、虚拟专用局域网业务（Virtual Private LAN Service，VPLS）。下面介绍两种具有代表性的网络虚拟传输技术。

1. VLAN

VLAN 是对用户和设备进行逻辑抽象，通过 VLAN 可以使设备和用户突破物理位置的障碍。通常根据业务需求、部门分布、网络状态等因素，把它们有机地组合起来，使其通信如同在一个网段。

VLAN 技术的优点如下：

（1）控制网络的广播风暴。采用 VLAN 技术，可将某个交换端口划归到某个 VLAN 中，而一个 VLAN 的广播风暴不会影响其他 VLAN 的性能。

（2）确保网络安全。共享式的局域网只要插入一个端口，用户就可以访问网络，因此安全性很难得到保障，但是 VLAN 能对用户的接入进行有效限制，如锁定设备的 MAC 地址，这样便大大增强了网络的安全。

（3）简化网络管理。VLAN 技术简化了网络的管理，大大减轻了网络管理员的工作量。即使用户分布在全球各地，但只需网络管理员的几条命令便可建立一个 VLAN，而且这些用户使用 VLAN 就如同使用本地局域网一般。

定义 VLAN 成员的方法有很多，由此也就分成了几种不同类型的 VLAN。

1）基于端口的 VLAN

最常见的对 VLAN 的划分方式是基于交换机端口的 VLAN，绝大部分交换机支持这种方式。基于交换机端口的 VLAN，网络管理员可以通过软件或直接设置交换机，把交换机的端口直接分配给某个 VLAN，除非网管人员对其进行重新设置，被指定的端口将一直属于指定的 VLAN。基于端口的 VLAN 包括两种方式。

（1）多交换机端口定义 VLAN。如图 3.15 所示，交换机 1 的 1、2、3 端口和交换机 2 的 4、5、6 端口组成 VLAN1，交换机 1 的 4、5、6、7、8 端口和交换机 2 的 1、2、3、7、8 端口组成 VLAN2。

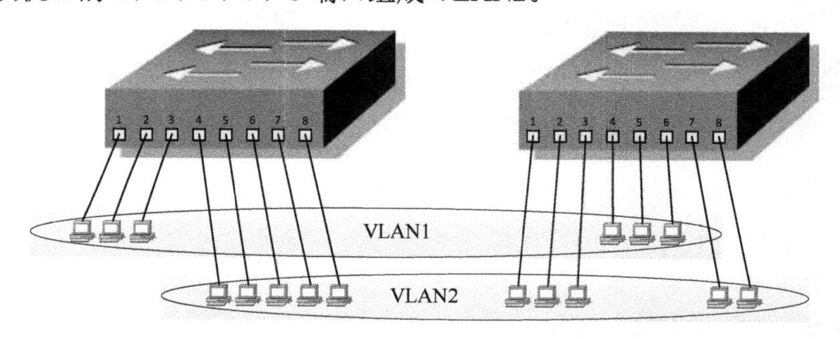

图 3.15　多交换机端口定义 VLAN

（2）单交换机端口定义 VLAN。如图 3.16 所示，交换机的 1、2、6、7、8 端口组成 VLAN1，3、4、5 端口组成了 VLAN2。这种 VLAN 只支持一个交换机。基于端口的 VLAN 的划分简单、有效，但其缺点是当用户从一个端口移动到另一个端口时，网络管理员必须对 VLAN 成员进行重新配置。

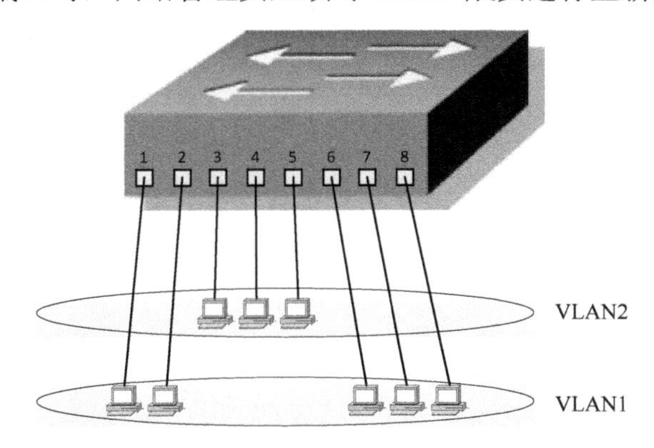

图 3.16 单交换机端口定义 VLAN

2）基于 MAC 地址的 VLAN

基于 MAC，就是通过设备的 MAC 地址来组建 VLAN。MAC 因为具有唯一性，从而可以实现该设备移动到其他网段，也可以自动接入 VALN，不用再去设置。这种方法特别适合成员较少的 VLAN，使用非常灵活，但是当成员人数、设备不断增加时，管理起来有一定难度。

3）基于路由的 VLAN

路由协议工作在 OSI 七层网络模型的第 3 层——网络层，常见的路由协议有基于 IP 和 IPX 的路由协议等，工作在网络层的设备包括路由器和路由交换机。基于路由的 VLAN 允许一个 VLAN 跨越多个交换机，也允许一个端口处于不同的 VLAN 中，这样就很容易实现 VLAN 之间的路由，把交换功能与路由功能融合在 VLAN 交换机中。通过这种发放就可以实现 VLAN 的基本功能，即控制广播风暴。但这种方式影响 VLAN 成员之间的通信速度。

就目前来说，划分 VLAN 一般使用方案 1、3，方案 2 通常作为辅助方案。目前的 VLAN 技术基本上能够满足广大网络用户的需求，但是在网络性能、网络通信优先级控制等方面还有待加强。

2. VPN

VPN 的主要功能是，在巨大的公共网络上建立起自己的虚拟网络。VPN 技术广泛应用于各大企业，可以对数据包加密，也可以对数据包目的地址进行转换实现远程访问。VPN 主要按照协议分类的方式。架设虚拟专用网络，可以使用服务器、硬件、软件等多种方式实现。VPN 技术最大的优点是成本低廉、易于使用。VPN 网络结构如图 3.17 所示。

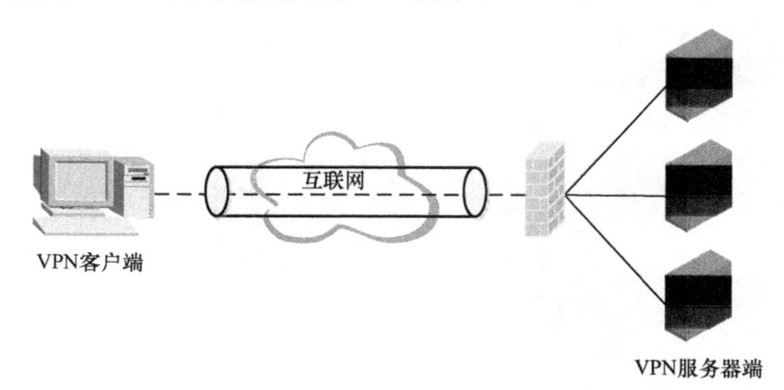

图 3.17　VPN 网络结构示意图

VPN 是一种远程访问技术，通过使用公用的网络来架设专用网络。例如，企业有员工出差到外地，并且需要访问企业内网的资源，这就属于远程访问。在以前的企业网络配置中，如果外地员工需要进行远程访问，传统的方法是租用数字数据网专线，这样会使网络通信成本大大提高。

让内网资源能够被出差在外地的员工访问，使用 VPN 来解决这一问题的实质是在本地内网架设一台 VPN 服务器。出差在外的员工连接上外地的互联网后，便可接入到架设在公司内网的 VPN 服务器，这样就可以使用 VPN 服务器进入公司内网。通过 VPN 技术，用户可以在外地方便快捷地访问公司内网资源。

VPN 具有以下优点：

（1）通过 VPN，可以实现外地员工随时随地利用宽带网（移动网、光纤宽带或者 WiFi 网络）连接到企业网络。此外，高速宽带网连接相较于传统的租用数字数据网专线，成本大大降低。

（2）VPN 是可模块化设计和可升级的。VPN 技术可以让管理者使用一种方便设置的互联网基础设施，让新用户快捷地加入到这个网络。这就代表企业不必花费额外的基础设施投资就可以提供大量的容量和应用。

（3）VPN 安全性也非常高。使用加密技术和用于身份识别的协议确保传输的数据不会受到恶意抓取，可以避免数据恶意获取者接触这种数据。

（4）VPN 提供完全的控制。VPN 能够让用户使用 ISP 的设施和提供的服务，同时又牢牢掌控网络的控制权。用户只利用 ISP 提供的网络资源，对于其他安全设置和网络管理变化可由自己管理。在企业内部也可以自己建立虚拟专用网。

3.5 计算和传输的相互关系

1. 服务器处理能力估算

当技术方案最终落实到工程实施部署时，必须编制出当前解决方案需要部署的 IT 设备及环境，包括：需要的网络环境、端口、带宽、组网方式、网络安全保障措施；需配置的服务器设备性能、数量；需配置的存储数据存储设备、容量、存储速率；甚至还需考虑整个系统的备份设备容量、备份 I/O 数、速率、备份策略等。

严格说来，在最终提供方案的硬件配置时，都应该以业务需求为依据，适当考虑客户业务的发展趋势和系统冗余，详细估算当前业务需求对网络带宽、对处理能力、对数据存储容量的指标。

众所周知，事务处理性能委员会的 TPC-C 标准，是测算和衡量计算机硬件设备性能的行业标准。随着 B/S 技术架构的大行其道，SPEC 组织专门推出了针对 Web 服务器响应客户端 Web 访问请求的性能测算标准，即 SPEC Web 系列。因此，如果是传统的基于事务处理模式的服务器，仍采用 TPC-C 的方式进行测算；如果是 Web 服务器，则需要采用 SPEC Web 系列标准进行测算。

（1）TPC-C 估算公式。TPC-C 是用计算机设备在每分钟内所能处理的标准事务的数量来衡量其处理能力的多少。因此，估算一个应用场景对处理能力的需求，本质上就是估算出每类业务处理事务对应的标准 TPC-C 事务量，然后再适当考虑冗余量。TPC-C 的测算结果是每分钟的事务数，单位是 tpmC。

TPC-C 的通用估算公式为

TPC-C=∑（每分钟业务事务量×标准事务量比率）/（1−冗余率）

（2）SPEC Web 估算公式。SPEC Web 标准的衡量结果是一台 Web 服务器能够有效响应客户端的 Web 请求的最大极限个数。因此，测算的结果应该是 Web 请求数，单位是个。在相同的时间里，服务器回答的请求越多，就表明服务器对客户端的处理能力越强，系统的 Web 性能就越好。

Web 访问响应能力=（在线用户数×在线率×在线用户平均发起 http 请求数）/（1−冗余率）

2. 网络带宽计算方法

网络带宽又称为频宽，是指在固定的时间内可传输的资料数量，也即在传输管道中可以传递数据的能力。在数字设备中，频宽通常以 b/s（bps）表示，即每秒可传输的位数。在模拟设备中，频宽通常以每秒传送周期或赫兹（Hz）来表示。频宽对基本输入输出系统（BIOS）设备尤其重要，如快速磁盘驱动器会受低频宽的总线所阻碍。

在计算机网络、IDC 机房中，其宽带速率的单位用 bps（b/s）表示，在实际网络应用中，下载软件时常常看到诸如下载速度显示为 128KB（KB/s）宽带速率字样。因为 ISP 提供的线路带宽使用的单位是 bit，而一般下载软件显示的是 Byte（1Byte=8bit），所以要通过换算才能得实际值。可以按照换算公式换算：

128KB/s=128×8（Kb/s）=1024Kb/s=1Mb/s　　即：128KB/s=1Mb/s

Mbps 实际上是一个带宽单位，而非速度单位，在“Mbps”单位中的“b”是指“bit（位）”。而真正的速度单位应为 MB/s，其中的“B”是指“Byte（字节）”。因为数据是按字节传输的，而并非按位。

2M 宽带是指 2Mbps（兆比特/秒），亦即 2×1024/8=256KB/s，实际上则要再扣约 12%的信息头标识等各种控制信号，故其传输速度上限应为 225KB/s，但这只是理论上的速度，实际速率为 80～200kB/s （其原因是受用户计算机性能、网络设备质量、资源使用情况、网络高峰期、网站服务能力、线路衰耗及信号衰减等多种因素的影响导致），所以实际中的速度要远小于带宽值（通常为 60%～80%）。

各种宽带的传输极限值：

1M→112KB/s

2M→225KB/s

8M→901KB/s

10M→1126KB/s

第 4 章　存储能力及信息规划

存储资源是对网络信息进行存储的各种介质与设备，而不同的存储技术、架构又有着不同的特性和存储能力，不同存储介质的特性以及适用场景也各不相同，所以存储能力和信息规划就尤为重要。本章主要从信息展开存储规划，分析信息的存储特性，针对信息的特性采用不同的存储技术、架构和存储管理机制。主要包括信息的存储特性分析、存储架构优劣势对比分析、存储技术分析、存储可靠性和有效性的存储能力分析以及存储管理。

4.1　信息的存储特性

信息作为存储主体，在进行存储规划之前必须要对信息展开分析。本节从信息的角度展开，进行信息的存储特性分析，针对信息的空间、时间和安全性逐次展开。

信息的存储是利用各种网络存储设备、一些专用的数据交换设备以及专用存储软件，利用原有网络或构建一个新的存储专用网络为用户提供统一的信息存取和共享服务。现有的网络信息存储技术和架构有很多，在解决信息存储问题之前要对信息的存储特性进行分析，这样才能选择相对应的存储设备，采用合适的存储技术。

（1）对需要存储的信息大小和增长率做出考量，现有的存储介质有磁带、光盘、磁盘等，这些存储介质都具有不同的特性，例如，磁带存储具有存储容量大且保存时间长的特点，但是信息的读取速度较慢，其他的一些存储介质特点将会在下面详细介绍。在规划存储系统时，根据需要存储信息的大小、信息读取速度要求选用合适的存储设备。同时还要考虑信息的增长速率，图灵奖的获得者 JimGray 提出过一个经验定律：在网络环境下每 18 个月的信息数据量等于有史以来的数据量之和，在设计存储系统时也要对需要存储的信息增长率进行估算，在存储资源不够时可以做到动态增加。

（2）信息的存储时间分析，不同的信息需要不同的存储时间，比如日常的聊天数据和银行账户的余额信息所需要的存储时间是明显不同的。一般数据可以分为永久性的存储数据和临时性的存储数据。对于临时性的存储数据可以把它们想象为计算机上面的临时性的文件，一般都有一定的存储周期，就有过了存储周期之后的数据清理过程，所以对于临时性数据可以选用存储时间短但是容量大的存储设备。对于需要永久性存储的信息，要选择可以长时间保存数据的存储设备，同时还要考虑到数据迁移和数据备份问题。

（3）对信息的安全性要求进行评估，信息的安全性涉及是否要做信息的存储备份机制和备份机制选择的问题。信息安全的目的以及实质要求就是使信息免于各种外界的威胁，这些威胁也包含一些人为的破坏和干扰等。信息安全囊括信息的完整性、可用性、保密性等，在存储规划之前估量信息的安全级别，选用合适的技术来提高信息存储的可用性和保密性等。

通常存储系统提升信息的安全性，需要进行各种投入。当然，这种投入也是需要权衡各种因素的。现实中使用的存储系统很少有多余的存储资源，同时企业内部通常没有足够的资金来满足备份、复制、镜像、保管及分布式存储等需求。

4.2 网络存储特性

本节主要从 4 个方面进行阐述，包括网络存储载体的发展演变、各种存储载体的容量、存储特性分析以及 3 种常用存储架构的特点和性能分析。网络存储体系是随着网络存储载体的不断进步而发展的，总体可以归纳为磁带存储、磁盘存储、光盘存储、闪存、磁盘阵列、网络存储系统等阶段。

4.2.1 网络存储载体分析

1. 磁带存储

最原始的磁带存储主要应用在 20 世纪五六十年代，其中最具代表性的存储设备是大型的磁带机。磁带存储系统由两部分组成，分别是磁带机和控制器，这是利用磁带作为存储介质的一种计算机辅助存储器，用来存储数据的磁带可以脱离原有设备单独保存。其次磁带存储器可以以顺序的方式存取数据，并且实现脱机保存和交互读取数据，使用、携带都相当方便。磁带存储比其他的存储设备有其自身独特的优点，包括存储容量大、设备价格低等，使其成为计算机外围常用存储设备之一。

采用数字线性磁带（Digital Linear Tape，DLT）技术存储标准的磁带机，在带长为 1828 英尺、带宽为 0.5 英寸的磁带上具有 128 个磁道，使得单个磁带未压缩容量高达 20GB，压缩后的容量可增加 1 倍。由惠普公司和国际商用机器公司共同开发的开放式磁带技术，目前已经经过了若干代的演变，其中第四代已经可以提供 1.6TB 的存储能力和 240MB/s 的传输速度。

2. 磁盘存储

目前发展到磁盘存储时代，磁盘存储是以磁盘为存储介质来对信息进行存储。磁盘存储可以分为三部分，分别是磁盘、磁盘驱动器以及磁盘控制器。磁盘存储的特点是磁盘数据传输速率快、存储容量大、存储数据不易损坏而且可以较长时间保存等。磁盘最主要的技术包括记录介质的研究、制备技术和读/写技术。磁盘是两面都涂有可磁化介质的平面圆片，数据按照闭合圆轨道记录在磁性介质上面。最初的磁盘存储仅仅有兆字节（MB）级别的存储容量，目前的磁盘已经发展到吉字节（TB）容量级别了。从磁盘的发展来看，磁盘的物理存储密度平均每年增加 1 倍，在性能提升的同时磁盘的尺寸也在不断减小，之后又发展为磁盘阵列。

磁盘阵列（Redundant Arrays of Independent Disks，RAID）是由多个磁盘组合而成的存储系统，存储容量巨大，同时多个磁盘的加成可达到优化整个磁盘系统性能的效果。随着数据爆发式的增长，利用磁盘阵列技术可以将大批量的数据放在系统内不同的磁盘上。由于是存储在不同的磁盘上，可以大大提高效率，同时单个磁盘的故障不会造成整个系统的崩溃，降低了丢失数据的风险。RAID 技术支撑的服务器磁盘阵列以及专注数据存储的外部磁盘阵列系统逐渐成为现在应用的主流。

3. 光盘存储

光盘存储器的基体是由圆形薄片有机玻璃制成，有热量传导少、耐热性较高的优点，同时可以保护光盘的记录面不被破坏。光盘存储进入数据存储领域后，到目前为止，一直是影音信息存储的首选载体，不过光盘的存储容量有限，而且由于材质的限制，光盘内部的数据很容易被损坏。不同光盘的性能比较如表 4.1 所列。

表 4.1 不同种类光盘性能比较

光盘类型	基本吞吐量/（Mb/s）	最大吞吐量/（Mb/s）	容量/GB
CD	1.17	65.62	0.737
DVD	10.55	210.94	4.7
BD	36	432	30

4. 闪存技术

闪存主要是运用 Flash Memory 来存储数据信息，具有存储数据不易丢失和中断，同时闪存存储设备的使用周期长的优点，而且闪存的体积很小，可以用在便携设备上作为存储介质。闪存断电时也可以存储数据，闪存通常用来保存重要的配置信息，如计算机的基本程序、关键的客户资料、重要的图文资料等。闪存在 20 世纪 90 年代开始流行使用，由于以上的一些优点，闪存在很短的时间内就取代了软盘，之后成为主导移动存储的新一代王者。与此同时，计算机 USB 等一些通用接口技术的规范及发展更是加速了闪存技术的进步。

网络存储系统最开始的结构是基于单个服务器的直接附加存储设备（Direct Attached Storage，DAS），逐渐发展成以网络附加存储（Network Attached Storage，NAS）和存储区域网（Storage Area Network，SAN）为主要架构的基于局域网技术的网络存储系统，最后又发展到基于广域网的数据网格存储系统。下面首先简要介绍 DAS、NAS、SAN 这 3 种主要使用到的网络存储架构，然后对一些网络存储技术和存储系统进行介绍。

4.2.2 网络存储架构及性能分析

本地存储就是本地磁盘，通俗地说，就是安装在计算机主板上而且不能随意插拔的磁盘（硬盘）。一台计算机可以安装多个磁盘，这些磁盘均可以称为计算机的本地磁盘。通过网络连接的方式访问到的外部共享磁盘不是本地磁盘；同样，通过本台计算机外部连接而且可以随意拔插的移动磁盘也不是本地磁盘。伴随着计算机技术的不断发展和更新换代以及网络覆盖面越来越广，需要存储的信息数据量也变得越来越大，这就需要存储方式更为快速、安全和简便。由于本地存储本身的应用范围受到限制，现在的数据存储方式已经逐步由本地转变为网络存储。上面提到的 DAS、NAS 与 SAN 架构，在这些架构基础上，还有一些更加新型的网络存储技术不断被开发、设计和应用，如存储虚拟化技术、对象存储技术、网格存储技术、云存储技术等，这些都会在后文讲到。

网络存储技术解决了数据存储空间有限的问题，网络信息最有价值的就是数据，所以网络存储技术有其他存储系统无法超越的价值和成本性能优势。随着科技的发展，网络存储技术不断被突破和提高，同时存储容量不断提高、速度越来越快、安全性也逐步提升。相信网络存储技术必定会更广泛地运用在各个行业，得到人们高度的认可。

目前，高端服务器使用的专业网络存储架构大概分为 3 种，即 DAS、NAS、SAN。

1. DAS

DAS 采用一种与主机系统之间直接连接的架构。例如，经常使用可以作为服务器的计算机硬件驱动，所以 DAS 通常也称为直连方式存储。DAS 技术架构中的存储设备是通过电缆直接连接到服务器，I/O 请求直接发送到存储设备。DAS 结构如图 4.1 所示。

DAS 存储架构有很多优点，包括设备的购置成本低、系统的配置简单、在使用过程中与使用本地硬盘存储相类似、系统中的服务器仅仅需要提供一个外接的 SCSI 口等，因此很受一些对成本要求很高的企业的欢迎。

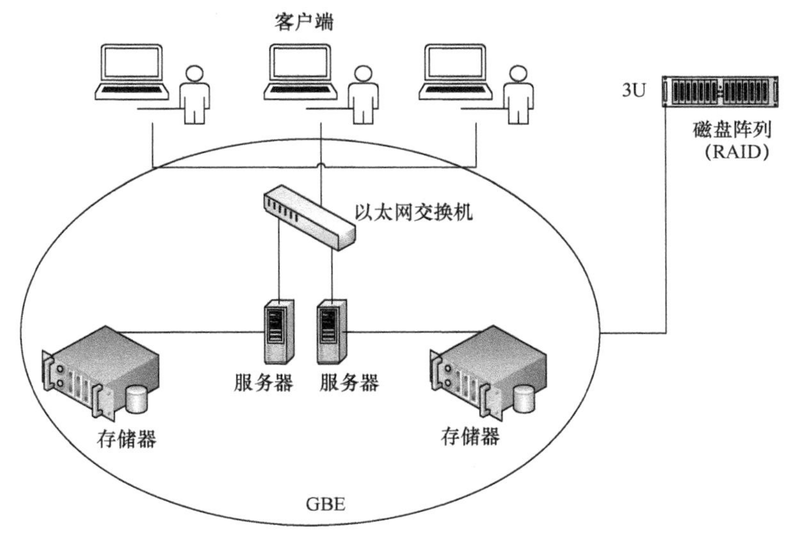

图 4.1 DAS 结构示意图

同时 DAS 架构也存在诸多问题。

（1）存储空间的利用率低；

（2）不利于系统后期的可扩展性要求，如果发生存储空间不足的现象，采用这种架构将很难进一步扩展；

（3）数据共享困难；

（4）管理复杂，在运行过程中管理员必须为每台机器进行备份和恢复等管理工作。

DAS 的适用环境可分为以下两种：服务器在地理分布上很分散；存储系统和应用服务器之间采用直接连接的方式，这种方式很固定且不能改变，系统灵活性不高。

2. NAS

提供存储空间的硬件设备、操作系统和文件系统等几部分共同构成 NAS 服务器。各个设备之间由一个标准化的网络拓扑连接起来，同时这种组合方式避免了设备对服务器的依赖，可以不通过服务器连接网络。NAS 还包含一个专门为使用者开发的、服务于数据存储的简单内置化操作系统软件，并且包含与外界网络连接所采用的各种协议。NAS 是真正即插即用的产品，不局限于地理位置的因素，可以将其放置在工作组内，也可以放在其他地点与网络连接。

NSA 系统通常会和以太网相互连接，这是最典型的使用方式，再配合一些提前设置好的磁盘容量、存储管理软件，共同形成一个集成化系统。如图 4.2 所示，NAS 系统拥有一个专门的服务器，运行提前配置好的文件系统和操作系统，这个操作系统的作用就是为外界各种文件请求提供服务。

NAS 并不包含规范的 UNIX 和 Windows NT 文件系统服务器，因此可以说它不是一个完备的总控式文件服务器。NAS 产品与客户间的通信使用 NFS、CIFS 协议，或同时使用两者，运行在以太网和互联网所采用的 IP 上，其目的是用来交换计算机间的文件。NAS 的架构如图 4.2 所示。

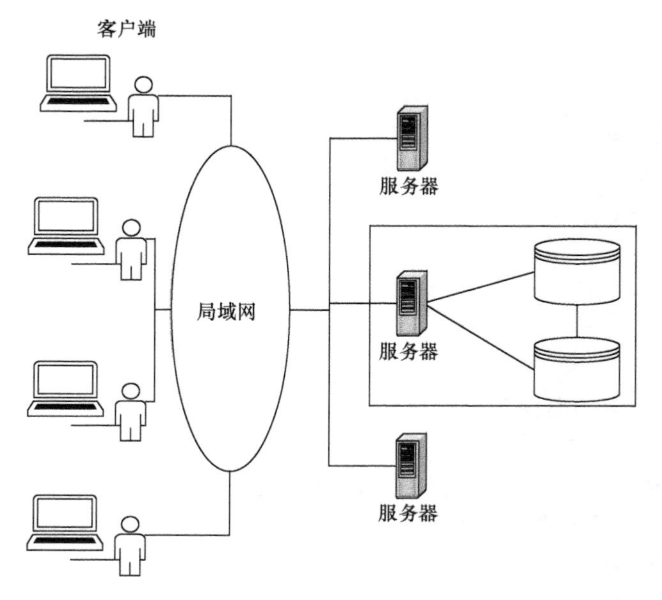

图 4.2 NAS 架构

从 NAS 的运行机制和架构可以进一步探讨它的一些优势和缺陷，其优点有如下几个方面。

（1）NAS 的结构简单，带来部署方式的便捷。

（2）它的成本较低，只需要一台 NAS 服务器，而且 NAS 服务器的价格也是很符合中小企业费用要求的。

（3）NAS 的管理非常简单，有一套基于 Web 端的系统管理软件，对负责网络管理的运维人员来说，对其进行维护非常简单。

与此同时，在简单易用的背后，NAS 也有一些明显的缺点。

（1）从系统的整体性能上看，由于存储系统与应用使用同一网络，在数据访问量很大时，可能会造成网络拥塞，相应地这些因而成为限制 NAS 性能的因素。

（2）考虑数据的安全性，NAS 通常只能提供两级用户安全机制，虽然带来了使用方便的优势，但是为了提升安全性，通常还需要额外增加文件安全手段。

3. SAN

SAN 的拓扑结构如图 4.3 所示，SAN 从整体上可以看作一种专用的网络，将存储设备和多个系统以及一些子系统连接起来。也可以把 SAN 表述为一个采用特定互联方式连接起来的存储服务器组成的一个独立数据网络，它可以为客户提供企业级数据存取服务。

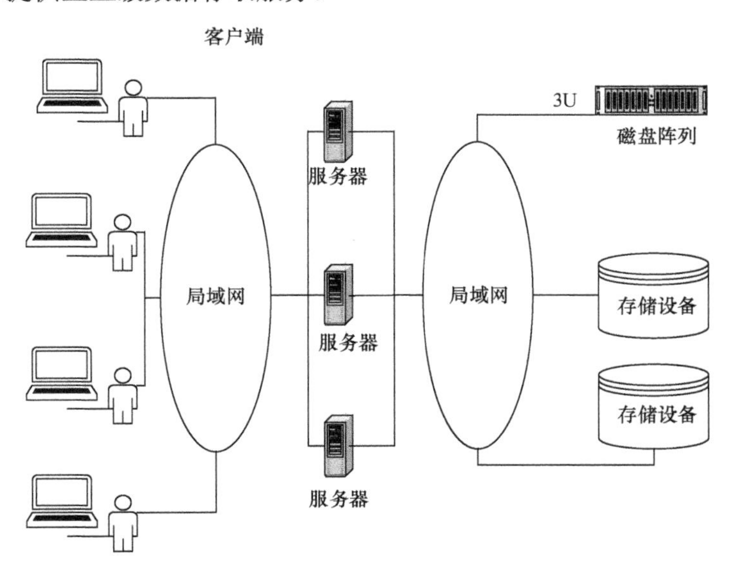

图 4.3　SAN 拓扑结构

图 4.4 所示为 SAN 的组成结构图，SAN 事实上使得以下三者成为可能：①在线存储最大化；②离线存储最大化；③可用性的提高。

在线存储最大化可以理解为允许创建磁盘池系统，其他一些服务器和设施可以到磁盘池中获取资源，也就是说，磁盘池为它们提供统一服务。离线存储最大化的意思是能够以前所未有的方式来配置备份和恢复系统。目前一般 SAN 的传输速率是 1～4Gb/s，同时 SAN 是一个高速专用子网。因此，其存取速度很快，此外，SAN 通常情况下采用高端的 RAID 阵列，外加上高效的传输速率，SAN 的性能可以说在这几种经常使用的网络存储技术中遥遥领先。

SAN 还可以进一步划分为 FC-SAN 和 IP-SAN。首先利用 FC 通道来连接磁盘阵列，数据与硬件设备之间通过 SCSI 命令进行通信，整个系统的速率将会被大大地提升；然后是关于 FC-SAN 的应用环境，为了达到在存储设备和服务器之间传输大量数据的目的而诞生了 FC-SAN 架构，所以这也决定了 FC-SAN 的应用场景。

（1）应用在一些集中式的存储备份系统中，用于保证数据的一致性，它的性能优势和可靠性的优点可以保证数据的安全性。

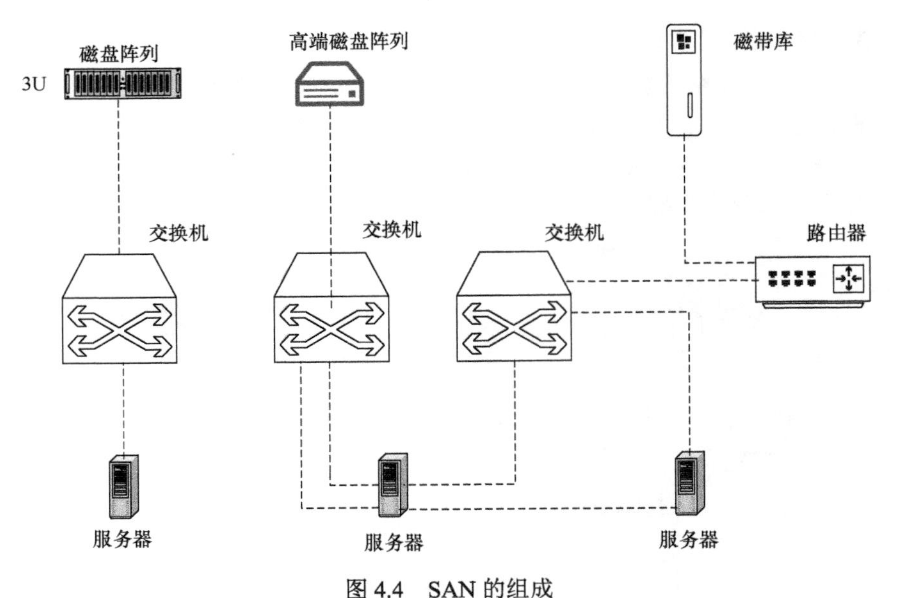

图 4.4　SAN 的组成

（2）应用在可扩展的存储虚拟化系统中，达到解开存储与主机之间连接的目的，同时也可以做到动态的存储分区。

随着当今社会信息技术的飞速发展，产生的数据量也在迅猛提升，由于 FC-SAN 的一些优势，现在有越来越多的企业和网络存储服务提供商选择网络技术设施时采用 FC-SAN 网络架构。与其他一些传统的存储架构相比，FC-SAN 有很多明显的优点。

（1）与一些传统中的服务器相比，这些服务器连接存储在动态添加或者是更新存储时是很困难的，同时在集中化管理方面也比较困难，在增加存储时要停机，这必然要停止为终端服务，而 FC-SAN 动态地增加存储的过程中不会中断系统服务。

（2）可以利用光纤通道技术更加有效地传输数据，所以对于数据的备份系统 SAN 将会是一种更加有效的方式，同时也会大大降低网络备份所需要的带宽。传统架构中与 SCSI 相连接的线缆有距离的限制，而 FC-SAN 克服了这种缺点，大大提升了服务器与存储设备之间的距离。

IP-SAN（IP 存储）服务器与存储设备之间的连接是采用 IP 通道的方式，其中的标准，除了已获通过的 iSCSI，还有 FCIP、iFCP 等正在制定。这些标准中 iSCSI 发展最快、最好，已经逐步成为 IP 存储的主流标准得到推广，同时还有大量的网络管理软件和服务产品可供用户使用。

4．网络存储架构比较分析

通过上面了解了 3 种最常用的网络存储架构，最后通过总结进行了更为细致的比较。比较 SAN 和 NAS 可以发现，这两种技术实际上是互补的。

SAN 和 NAS 可以满足不同的用户需求，如 SAN 可以满足高效、大量传输的要求，而 NAS 则更加满足日常办公中传输小文件的需要。根据前文对信息存储特性的分析，可以更加方便地选择合适的存储架构。此外 SAN 可以针对用户的关键应用进行数据存储和管理，如数据库、信息备份等，便于数据的集中存取与更好地管理。而 NAS 可以支持几个客户端之间或者服务器与客户端相互之间的文件共享，如文件、存储网页等。现在越来越多的企业是用 SAN 的存储系统作为所有数据的集中管理和备份（也就是高性能、大容量的后端存储），而需要文件级的共享则使用 NAS 的前端（前端，即只有中央处理器和操作系统）。因此，NAS 产品可以与 SAN 网络结合使用，为 SAN 网络中的文件传输提供更好的性能。此外，表 4.2 列出了 NAS 和 DAS 的性能。

表 4.2　NAS 与 DAS 的性能

比较项目	NAS	DAS
安装	方便快捷，即插即用	通过 LCD 面板设置 RAID 比较简单，连上服务器时操作复杂
连接方式	通过 RJ-45 接口连接网络，直接从网络上传输数据	通过 SCSI 线接在服务器上，通过服务器网卡连接网络传输数据
拓展性	可在线增加设备，无需停顿网络	增加硬盘后需重启机器，影响网络服务
数据管理	管理简单，基于 Web 的管理界面简单明了	管理比较复杂，需相应服务器操作系统支持
软件功能	自带支持多种协议的管理软件，功能多样，一般集成本地备份软件	没有自身管理软件，需另行购买

4.3　网络存储技术和存储系统

4.3.1　网络存储技术

网络存储技术（Network Storage Technologies，NST），顾名思义，这种存储技术要利用互联网作为载体，达到数据传输与存储的目的。这些数据不仅可以存储在远程的专用存储设备上，也可以利用服务器进行存储。为了达到海量数据和大规模存储资源自主优化的目的，业界人士做了很多技术研究。这些技术可以分为 3 种：一是，通过判定存储外部负载的大小调整系统的存储策略；二是，将系统内部存储资源进行划分，区别放置不同类型的数据，便于管理；三是，存储技术定义了管理规则，根据规则自动调整系统的存储管理。本节接下来将着重讲解几种常用的网络存储技术。

1. 存储虚拟化技术

存储虚拟化可以理解为一种对存储硬件资源进行抽象化表现出来的技术。通过将一个（或多个）目标服务或功能与其他附加的功能进行集成，为用户统一提供有用的全面功能服务。

站在用户的角度来看存储虚拟化，存储资源可以看作一个巨大的“存储池”，作为用户是看不到具体磁盘、磁带等这些存储载体的，也可以说这种技术是对底层进行了一次封装，用户在使用过程中根本不用关心数据以怎样的路径存储到什么样的存储空间中。

从一名管理者的角度来看，对虚拟存储池的管理采取集中化方法，同时可以根据不同的需求动态地给各种应用分配具体存储资源。存储虚拟化技术的基本结构如图 4.5 所示。

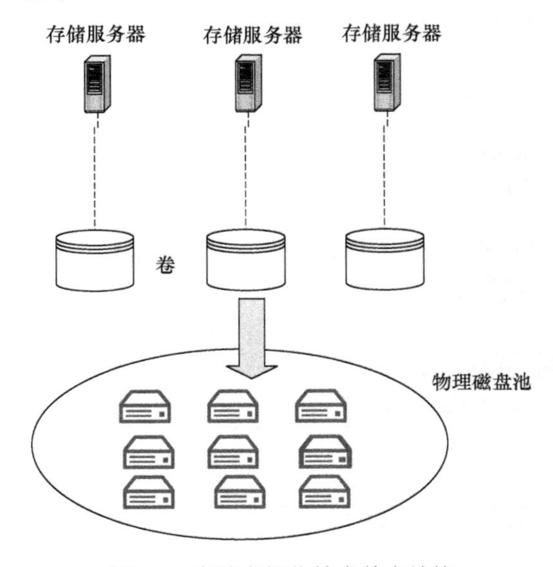

图 4.5　存储虚拟化技术基本结构

1）存储虚拟化的分类

按照实现方式不同来划分，存储虚拟化技术大致可以分为两大类，即基于主机的存储虚拟化、基于存储设备的存储虚拟化。

（1）基于主机的存储虚拟化。基于主机的存储虚拟化通常情况下要依赖安装在一个或者很多台机器上的管理或者代理软件，这些软件的作用是实现对存储虚拟化的管控。当然这种方法也会有些缺点，如管控软件的运行会占用主机的处理时间。另外，这种策略在运行中的可扩展性比较差，在主机上运行也可能会影响到系统的稳定性和安全性。

（2）基于存储设备的存储虚拟化。基于存储设备的存储虚拟化方法对提供相关功能的存储模块要求很高。同时这种方式不会利用第三方提供的虚拟化软件，这种基于存储设备的虚拟化通常所提供的功能只能称为不完全的存储虚拟化解决方案。在一些 SAN 中通常包含很多不同厂商的存储设备，在这种环境下虚拟化的运行效果会更差。

基于存储的虚拟化方法也有其自身的优势。这种虚拟化方式的实现复杂度较低，这就带来易于管理和维护的优势。

2）存储虚拟化的优势

通过存储虚拟化技术，那些离散化的存储资源被重新整合起来对外提供服务，这些整合起来的存储资源虚拟成一个"存储池"，这一做法带来了很多好处。

（1）提高存储效率。例如，在一个企业中，由于每个部门都有对存储资源的需求，这就使存储资源扩散到整个企业中。这些分配出去的存储资源由于缺乏管理，或者分配方式不合理，就会造成有些资源未被使用而被遗忘。这些没有利用起来的资源也提升了企业所需的总的存储容量，浪费了许多资金，称为过度供给过度供给。

有时为了防止某个应用已经分配的资源消耗完，就迫使存储管理人员提供更大的存储空间，或者将系统搬移到一个更大的空间上面，这种现象也称为过度供给。而且这些过度供应的空间在大多数情况下将会被闲置下来，造成巨大的浪费。存储虚拟化技术可以将许多分散在各个地方的存储资源聚合起来加以利用，这样会提高存储资源的利用效率，并且节省额外增加存储的花销。

（2）提高存储的可控性。在没有推出存储虚拟化之前，每个不同的存储系统必须由管理控制台进行控制，由于制造商不同或者型号不同，不同产品对应的存储管理技术也不相同。引进一种新的存储平台必然伴随一种新的存储管理技术，这些对管理员来说很难同时掌握。

（3）提高存储的灵活性。提高存储的灵活性也可以称为伸缩性，采用存储虚拟化技术可以达到在数据复制迁移过程中不对外停止服务的目的，这对存储系统后期的维护升级意义重大。

2. 网格存储技术

网格存储通过网络以一种灵活、弹性的方式高效地、最大程度地利用可用存储资源，摆脱了集中式交换机或者集线器的束缚，能够更加高效地管理网络存储资源，同时保障海量数据存储的安全性。

简单地说，网格存储就是通过网格计算将网络中的计算机资源整合起来统一管理，形成一个强大的计算系统，它将网络中的存储系统进行整合并统一管理，可以对全部存储资源进行统一查看和管理。网格存储架构如图 4.6 所示。

网格存储技术是基于系统中节点备份的，网格存储中的每个独立节点都有缓存和 CPU 处理能力，这样就可以做到在多个节点上进行存储和管理。同时，这些节点互相之间也可以自由地进行数据交换。网格存储不受不同的网络协议和系统平台的限制，可以运行在不同的分布式系统上，并且能够做到同步。网格存储具有以下特点：

（1）高可靠性。网格存储不仅使任意两节点间可以相互通信，而是为每个存储节点间提供多个通道使用，使得维护和管理比较方便，系统也就更可靠了。

（2）互通性。所有节点上的资源都是互联互通的，能够及时满足需求的分配和调节。

（3）性能优。不需要大量端口的集中式交换机，规避了单点故障带来的风险，且多通道可以进行负载均衡，提升系统性能。

（4）可扩展性。网格存储简化了平台与管理架构，使得存储设备向外扩展更加容易。

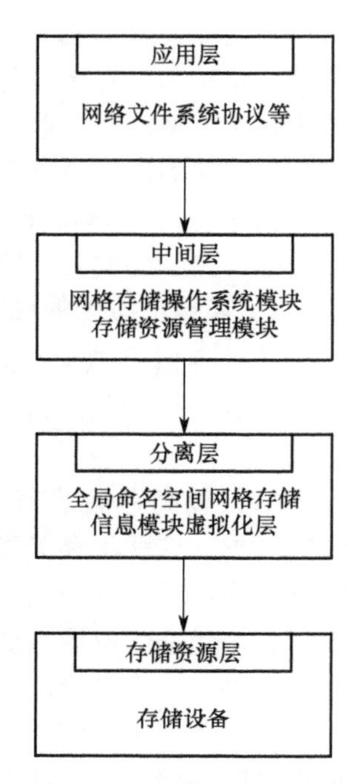

图 4.6 网格存储架构框图

3. 云存储技术

“云”这种理念的正式提出最初是在“Google101”计划中，将“云”与计算相结合得到云计算（Cloud Computing），云存储是建立在云计算概念基础之上逐渐发展起来的一个新的理念。云计算是从分布式计算（Distributed Computing）、并行计算（Parallel Computing）和网格计算（Grid Compu-ting）进一步虚拟化的基础上发展而来的，云计算可以通过网络将各种软硬件和各种平台虚拟化之后拿给用户使用。对于用户来说，他们可以像使用生活中的水电一样使用各种计算机软硬件资源。

云存储是指将网络中存在的不同的存储设备通过一个云管理软件集中起来进行协同配合工作。其中用到的技术主要有集群应用服务、网格计算和分布式文件系统等，这些集中起来的存储系统一起对外提供可靠数据存储和业务访问服务。云存储是由许多不同部分组成的一个复杂系统，主要组成部分有网络设备、服务器、存储设备、应用软件、接入网以及客户端应用程序等。其中存储设备是整个系统的核心，对外界来说，最终整个系统是通过运行在云上的应用软件来最终提供可靠的数据存储和业务访问服务。

另外，云存储也没有根据存储设备的性能和容量特性划分存储设备的服务级别，实现数据的动态分布，从而响应不同负载特征的数据访问需求。通常，从云存储的技术底层的实现层次结构上看，从底层向上可以分为存储层、管理调度层、访问接口层、业务应用层等 4 个层次，如图 4.7 所示。

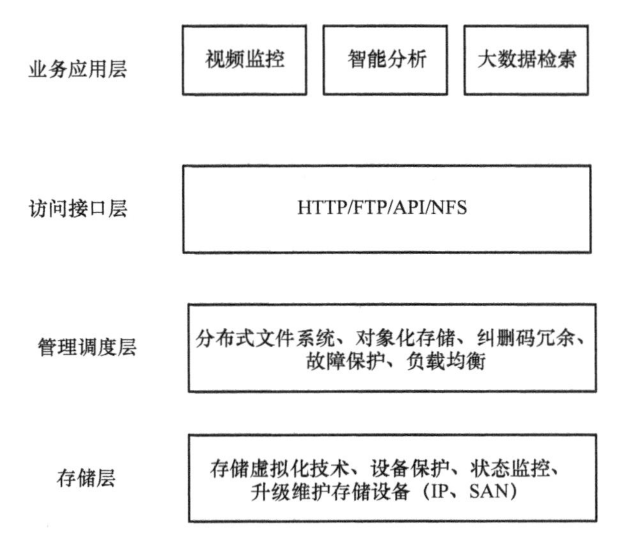

图 4.7　云存储技术层次结构

存储层是云存储的最底层，也是云存储的基础，在系统中的每个节点都能安装 24 个以上的硬盘用来存储数据。这些存储设备之间通过 IP 接口连接起来，共同构成一个存储设备资源池。在通常情况下，系统中的底层物理存储设备的数量非常庞大，所采用的设备形态也各异。在存储设备的上层是存储设备管理层，该层用来实现对物理存储设备的逻辑虚拟化管理、状态监控和维护等功能。

管理调度层主要有以下几种功能：首先可以将用户的数据进行分片处理，用户可以设定不同的数据保护策略，将分片后的数据保存多个副本或者采用冗余纠删码技术分散保存到不同的存储资源上去，同时还可以在下层的存储资源上部署分布式文件系统。在读/写数据时可以在下层存储设备之间做负载均衡调度以及在数据存储设备损坏失效时做数据调度和恢复工作，以便保证系统始终提供高性能、高可用的访问服务。

访问接口层位于业务应用层和存储管理调度层之间，形成一个桥梁用来提供上层应用服务需要的各种接口，对于云存储系统来说，一般会给用户一个专用的 API 或客户端软件，其他的基于云存储的业务应用可以直接调用这些 API 或者是采用云存储系统客户端软件对云存储系统进行读写访问。

业务应用层只提供各种面向用户的访问接口，支持各种丰富的业务类型，如大数据查找、高清视频监控、视频图片智能分析等。在此基础上，有些云存储系统还支持在应用平台上实现系统的整体管理调度功能。通过将数据的负载均衡、故障保护恢复、冗余编码等功能和业务紧密地联系起来，形成丰富的具有业务特色的云存储系统。

4.3.2 网络化存储系统

下面介绍两种网络化存储系统，即集中式存储系统与分布式存储系统。

现代的存储技术和计算机网络技术互相结合就构成了网络化的存储系统。为了实现数据的海量存储，网络化存储系统将数据处理部分和负责数据存储的部分相互分离。在现实中的网络环境下，由于数据被分散到不同的节点中，可以提高存储数据的可靠性及安全性。相对于集中式存储，分布式的网络存储已成为存储系统设计的主流。

1. 集中式存储系统

集中式存储系统的发展时代是随着大型化主机的诞生而到来的，与此同时，集中式的计算机系统架构也逐渐成为主流。大型化的主机具有稳定性高、性能好的优点，同时单个机器的处理能力也很强，这些因素就促使 IT 系统很快进入到集中式存储处理阶段，其对应的计算机系统称为集中式系统。

集中式存储基于一个可以存储庞大信息的数据库，数据库中可以录入各种信息。系统功能模块围绕信息库的周围对信息库进行录入、修改、查询、删除等操作。简而言之，集中式存储是既支持基于文件的 NAS 存储，包括 CIFS，NFS 等文件协议类型，又支持基于块数据的 SAN 存储，如 FC、ISCSI 等访问协议，并且可由集中式界面进行管理，是结构化数据和非结构化数据存储的温馨港湾。

集中式系统的优点是部署简单，系统结构不复杂，底层基于性能较好的大型化主机，所以不用考虑在多个主机节点上进行部署，也就避免了考虑多个节点之间协同工作的问题。

伴随计算机系统的小型化和网络化，以及普通 PC 价格的下降，传统的集中式存储系统模型越来越不能适应人们的需求，具体表现在以下几方面。

（1）大型主机设备复杂，不仅在于操作方式的学习成本较高，后期的维护成本更加庞大。所以，对于操作人员的培养成本较高，一个运维人员通常难以掌握整个系统的技术细节。

（2）大型主机售价昂贵，购买一台性能较好的大型主机需要上百万美元甚至更高。所以，在其发展历史上只有政府部门和一些电力、金融等超大型企业才有能力购买。

（3）集中式存储系统会带来单点故障问题。大型主机即便稳定性好也有可能发生故障。一旦发生故障，其维护难度很高，整个系统就会崩溃，造成非常严重的后果。随着时间的推移和业务的扩展，数据量和用户访问量不断提高，往往存在需要扩容的情况，这在大型主机上是很困难的。

（4）小型化的 PC 性能不断提升而且快速普及，可以改用小型机和普通

PC 服务器搭建分布式计算机系统。

2. 分布式存储系统

由于集中式系统的一系列缺点，同时也逐渐不能满足当今计算机系统、大型互联网系统的快速发展要求，越来越多廉价的 PC 成为各大 IT 企业架构的首选，分布式处理方式越来越受到业界的青睐。

分布式存储系统，顾名思义，是将数据以分散的形式将多个数据存储在服务器上。传统的网络存储系统采用集中式存储方式来存放数据。随着数据量的增加，集中式存储不易扩展且数据太多不好管理，所有数据集中在存储服务器上很容易导致数据安全问题，而且一旦出错会严重影响系统性能。而分布式网络存储系统采用的可扩展的系统结构，同时利用多台存储服务器对数据进行存储，利用位置服务器定位存储信息，这种结构和方式不仅提高了系统的存取效率、可靠性和可用性，而且还易于扩展，给后期维护工作提供了不少便利。

分布式存储系统具有以下几个优良特性。

（1）高可扩展性。分布式存储系统的集群是具有可扩展性的，根据不同的应用需求可以扩展到成百甚至上千的集群规模，集群数量不断提升的同时，整个系统的性能也成正比增长，而且提升优势明显。

（2）高可靠性。众所周知，可靠性基本上是所有系统设计时要考察的重点。分布式环境更加需要有高可靠性这项性能，用户将信息保存到分布式存储系统的基本要求就是数据可靠。分布式存储系统通常都有自动化的备份、容错以及负载均衡策略。

（3）低成本。目前的分布式存储系统可以做到仅仅依赖廉价的 PC 建立起来，分布式存储系统的自动容错、自动负载均衡机制使其非常可靠。此外，系统的线性扩展能力也使得增加或减少设备非常易于操作，且可以实现自动运维，则花费的人工维护费用将大大降低。

（4）高性能。分布式存储系统中的每个存储服务器都可独立操作和管理，避免了数据集中而导致数据安全问题和系统性能下降。

（5）易用性。分布式存储系统能够提供易用的对外接口，另外，该系统也要求具备完善的监控、运维工具，这样便于与其他系统更好地集成。

分布式文件系统或网络文件系统是一个可以通过计算机网络来访问和获取存储在不同主机中数据的系统，这使得在多用户和多应用之间可以共享数据和存储资源，有效地解决了数据存储和管理的难题。

分布式系统的整体架构如图 4.8 所示。系统由两大部分组成：首先是数据仓库模块，由数据层和配置运维中心组成，数据仓库是提供数据存储服务的核心部分；其次是辅助系统，辅助系统的作用是维护和监管整个系统的运行，提升系统的可靠性。主要由负责系统的监控、运维和运营备份系统、监控系统、运维管理系统、用户运营系统组成。

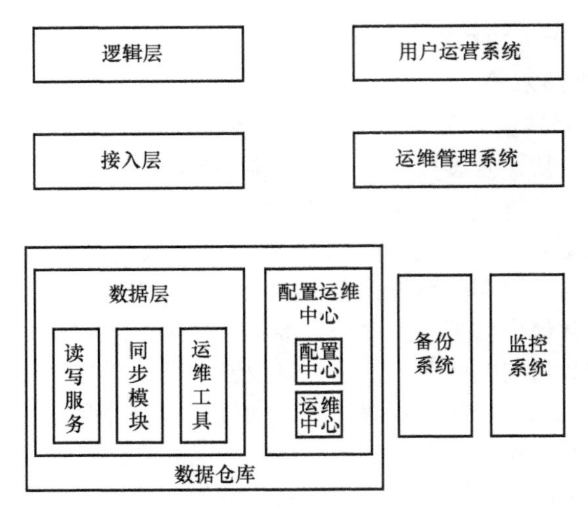

图 4.8　分布式系统架构

2000 年以后，分布式文件系统得到了更多的关注和发展，其中 GFS（Google File System）最为著名。GFS 的整体架构包含唯一的主机节点，也叫元数据服务器，以及多个数据服务器和多个客户机（运行各种应用的客户端）。通常在可靠性要求不高的场景下，客户机和数据服务器可以位于同一个节点上。图 4.9 所示为 GFS 的体系结构框图，在图中的每个节点都可以看作普通的 Linux 服务器，GFS 的工作总体来说就是协调成百上千的 Linux 服务器为上层的各种应用程序提供服务。

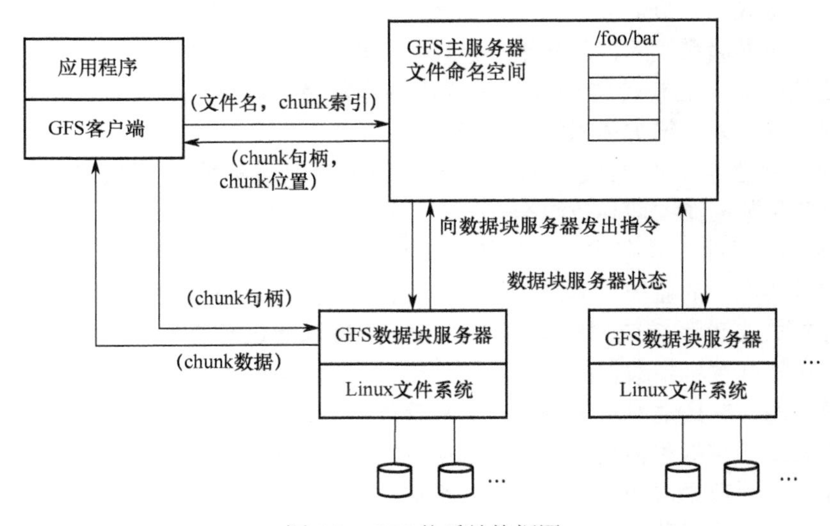

图 4.9　GFS 体系结构框图

数据服务器用来提供存储数据的功能，GFS 首先会将需要存储的数据文件划分为一个个长度固定的数据块，这些数据块在生成的同时都附有一个全局唯一而且不可更改的 id，数据服务器用来存储这些数据块，在存储时就像是存储普通的 Linux 文件一样，同时为了提升数据存储的可靠性，每个需要存储的数据块都会存储多个副本，这些副本还会被分布在不同数据服务器上。

GFS 中的主机节点也称为 GFS 的元数据服务器，具体功能是维护文件系统的元数据信息，元数据信息通常包括数据的命名空间、数据的访问控制权限、文件块之间的映射、块地址，以及控制系统级活动，如垃圾回收、负载均衡等。主机会定期与数据服务器进行交流，通常也通常称为跳检测，用来确定数据服务器各个节点的状态是否正常，以便向数据服务器发送各种指令。

GFS 通常包括一个主服务器和多个块服务器，这种结构带来的优点是异域扩张，可以扩展多个块服务器，做到同一个 GFS 同时为多个应用程序客户端提供不同的应用服务。在数据存储时，大的数据文件会被分割成固定大小的数据块，不同的数据块可能会被存储到不同的块服务器上，这些都是由主服务器决定的。同时，主服务器和块服务器之间是通过心跳机制进行通信的，主服务器通过这种机制周期性地与各个块服务器进行消息交互，达到监视系统运行状态或下达各种指令的目的。

主服务器和块服务器之间通过信息交互来实现对应用数据的读写为应用程序提供服务，而且其中的控制与业务相互之间是分离开的，应用与主服务器之间的交互仅限于元数据，也就是一些控制数据，其他的数据操作都是直接与块服务器交互的。

4.4 存储能力分析

本节讨论存储系统的可用性和可靠性，并对其度量进行分析，对提升存储可靠性的存储系统容错机制进行分析，介绍常见的系统容错机制。

4.4.1 可靠性和可用性分析

随着大数据时代的到来，数据的价值变得越来越重要，随之而来的网络存储系统的可靠性和可用性也逐渐受到重视。

对于网络存储系统的设计来讲，在系统的设计时期就要尽量考虑到错误的产生可能性，尽量避免错误的产生，通过一些特定的设计保证在部分部件故障时，系统仍然不会崩溃继续提供服务，在部件失效时系统能够恢复到正常服务的状态。

随着近些年存储技术的不断发展和变换，单个存储系统的可靠性、可扩展性、连接性已经得到了很大提高，并广泛应用。虽然单个存储系统发生故障的可能性很低，但是在海量存储系统中发生故障的可能性会因为累积而逐渐变大。再加上其他不利因素，如自然因素（地震火灾等）、技术风险（电力问题、通信网络中断），使得存储系统很容易因这些因素而导致数据丢失。在当今数据膨胀的时代，数据的服务时间急剧提高，网络数据经常要保证每天 24 小时、全年 365 天处于提供服务的状态，这也对存储系统的可靠性和可用性提出巨大的挑战。数据通常存放在各种类型的存储系统中，所以必须要对存储系统的可靠性有所了解。对于数据丢失的原因要首先进行分析。

1. 数据丢失原因分析

根据美国 UC Berkeley 和斯坦福大学联合进行的 ROC 研究报告，表 4-3 列出了几种导致数据丢失和破坏原因及其比例。

表 4.3　导致数据丢失的原因及比例

数据丢失的原因	比例/%
硬件设备或者系统原因	56
人为操作原因	26
计算机病毒攻击	7
自然因素	1～2
软件问题和故障	9

（1）计算机故障带来数据丢失。计算机软、硬件由于一些人为和非人为因素会产生各种问题和故障，最终导致数据丢失和破坏。

（2）病毒黑客的攻击。现有软件的防火墙系统并不能保证存储系统不会受到黑客的攻击和破坏。

（3）人为因素。由于操作人员失误产生故障的可能性也是很大的。

（4）资源不足系统升级。数据的加速增长造成现有系统不能满足需求，所以在升级和资源扩充中不可避免地造成数据丢失。

2. 存储系统的可靠性

系统可靠性是在一定条件下和一定时间区间内系统完成某种功能的能力。其中可靠性的衡量指标有两个，即系统稳定性和可用性。

存储系统的稳定性指作为服务方的网络系统中的存储设备能够提供持续不断存储服务的能力。简单地说，单台设备发生故障是不可能完全避免的，而且发生故障的原因也有很多，故障可能来自主板、内存、电源、硬盘等，故障也可能出于操作系统、运行在上面的软件等。所以存储系统稳定性是指当存储设备发生故障时，用一段时间内通过一定的处理技术将系统重新恢复运行提供服务的能力。

网络存储系统的可用性通常可以这样定义：一个系统可以为用户提供服务的总时间占可用时间加上出现故障情况后的恢复时间的百分比。可以这样看

可用性指标，相对于系统的可靠性，可用性是一个可以被量化的指标，即

$$\text{可用性}=\frac{\text{MTTF}}{\text{MTTF}+\text{MTTR}}$$

一般情况下，系统仅仅存在两种状态，即故障状态或者非故障状态。所以，可以做出这样的假设，系统的可用性和故障率之和等于 1。使用 MTTR 表示系统发生故障服务停止的时间。而且如果存储系统一旦发生故障就不能恢复服务的话，那么讨论系统的可用性就没有意义了。故障产生后，通过恢复过程能够使系统状态从后者转换为前者。

从上面对系统可用性的定义可以看出，如果要提高系统的可用性，可以从两个角度考虑，即增加 MTTF 或者降低 MTTR。选择增加 MTTF 就意味着要提高系统的可靠性，减少 MTTR 也就意味着减少发生故障时的系统恢复时间。

增加系统的可靠性主要有避错、容错、差错预测、除错 4 种方法。

（1）避错就是在系统设计时就考虑如何避免故障的发生，但是随着现有技术的飞速发展，这种方式的可操作空间变得越来越小。

（2）容错就是利用系统的冗余部件，当主要部件发生故障时冗余部件能接替保持系统正常工作。但是这种机制需要很多冗余部件，还要做好数据的备份工作，无疑增大了开销，如果冗余部件也能同时提供服务，那么可以大大提高系统的存储性能。

（3）差错预测就是利用评估的方法预测差错的出现以及带来的后果，系统在每步执行之前都要进行判断和计算，结果不出错才能往下继续执行。

（4）除错就是利用校验，在错误出现后主动进行改错，系统可以产生一些校验码在错误发生时进行改错，但是会影响效率。

4.4.2 存储系统容错机制

4.4.1 节提出可以采取避错、除错、容错和差错预测等措施提高存储系统的可靠性。所以容错机制成为存储系统在出现故障之后能够恢复正常工作状态的一种必要手段。

对于存储系统中存储的对象数据，其容错机制主要为数据冗余，而且其中采用的技术主要有两种，即副本技术和纠删码技术。

1. 副本技术

副本技术是对存储的文件增加各种不同形式的副本进行备份，一般是完全复制，通过在其他存储介质保存冗余的文件数据，可以有效地提高存储系统中文件的可用性，同时也可以避免在各个地区分布的系统节点因为网络通信连接断开或电力系统故障以及机器故障等不可预测问题，引起的数据丢失或服务中断。一般情况下，文件存储的副本数量越多，文件的可靠性就越高。但是如

果为所有文件都保存较多数量的副本，将会消耗大量宝贵的系统资源，同时管理这些副本文件的复杂度也会急剧上升。

副本还可以起到提高存储系统性能的作用。可以通过选择合理的存储节点来放置文件副本，从而实现数据的就近访问。也就是用户选择就近的文件系统来读取文件，这样可以大大减少访问延迟，降低网络的影响，提高系统性能。将集中化的文件访问合理地分布到不同的节点和网络路径，利用其他节点、网络路径平衡节点和网络的负载，可以更加有效地解决“热点”问题。还可以进一步做分散和负载均衡，提高存储数据读取的效率和系统的I/O性能。

2. 纠删码技术

纠删码是一种前向错误纠正技术，主要应用在网络传输过程中避免数据包的丢失。网络存储系统利用这一技术提高存储的可靠性，使用这种技术首先必须将存储在系统中的文件进行分割；然后再对其进行编码，得到若干个文件的分片后分布式地存储。纠删码的空间复杂度和数据冗余度都比较低，将要存储的文件可以分为 k 块，经过编码后可以得到 N 个编码后的分块，这样就需要存放在 N 个不同的节点上。与此同时，会消耗相对于原来的 N/k 倍的存储空间资源。同时，纠删码的编码复杂度也比较高，需要大量的计算。

目前的纠删码技术主要是RS类纠删码，它主要应用在分布式存储系统中，利用RS纠删码技术可以产生冗余校验块，能够实现容错任意两个磁盘同时发生故障。该技术有两个参数（k 和 m），记为RS（k，m）。k 个数据块组成一个向量，乘上一个生成矩阵（Generator Matrix，GT）从而得到一个码字向量，该向量由 k 个数据块和 m 个校验块构成。如果一个数据块丢失，可以用(GT)−1乘以码字向量来恢复出丢失的数据块。RS(k，m)最多可容忍 m 个块（包括数据块和校验块）丢失。

4.5 存储的管理

存储不是永久性的，而且随着信息的不断增加和存储时间的推移，就要对存储进行保护和管理，其中就包括数据的备份和恢复机制、存储空间的合并及数据的迁移等。

4.5.1 存储备份机制

数据备份机制是网络存储系统最重要的应用之一，是用来保护用户数据的一种重要手段。虽然很多在线冗余技术能够有效地提高用户数据的可用性，但实际上，如果用户选择了删除或者修改数据后，这些在线冗余技术就显得无能为力了。因此，冗余技术是在空间的维度上提高了存储数据的可用性。那么，备份系统则是能够进一步在时间的维度上保证系统数据的可靠性。数据备份有很多具体实现形式，可以对备份进行不同的分类。

1. 备份的分类

从备份策略上看，可以分为完全备份、增量备份、差量备份。最为简单的是完全备份，完全备份的思路就是将整个数据文件复制到备份存储系统。但是，这种策略有两种弊端：一是对整个存储文件数据进行读/写操作，会消耗很长的时间；二是进行数据完全复制需要消耗另外一份同样的存储空间。增量备份是一种速度快、需要备份的数据少的策略，它要依赖上一次备份，在此基础上复制新生成的或者新修改的文件数据进行备份。差量备份就是复制出来所有新生成的数据，就是那些在上一次完全备份之后产生的数据或更新之后产生的数据。增量备份和差量备份的主要区别在于：前者需要记录上一次备份之后再次更新的数据；后者需要记录从上一次完全备份以来的所有的更新数据。

2. 备份技术

快照技术的基本思想是冻结或者维护一个数据系统当前的只读状态，记录当前系统当前时刻的系统数据。为了降低快照所占用的系统存储空间，产生了两种技术，即写前复制和写时重新定向快照。写前复制技术的中心思想是当正在进行备份的数据文件或者数据库内数据对象发生改变时，将当前存储在系统磁盘内的原有数据一起复制到临时磁盘中，同时要使用特殊的位图索引标明原有块的位置以及临时存储数据的对应位置，与缓存索引相类似。

备份系统要通过检测索引表判断下一个读取的数据块是否在临时磁盘内部。如果在临时磁盘内部，就可以引导备份进程访问位于临时磁盘内部的原数据块，在备份进程完成时，需要清除位图索引，释放临时存储的数据块，用于下次备份数据时使用。写入时重新定向技术只包括新的需要进行写操作的数据。

如图 4.10 所示，快照技术需要建立一个与主存储系统互为镜像且是可寻址的分离的存储实体，数据备份进程在该存储实体内部进行，取代了在主存储系统上进行的备份操作，这样备份的进程就不会影响系统主服务器的正常运行。

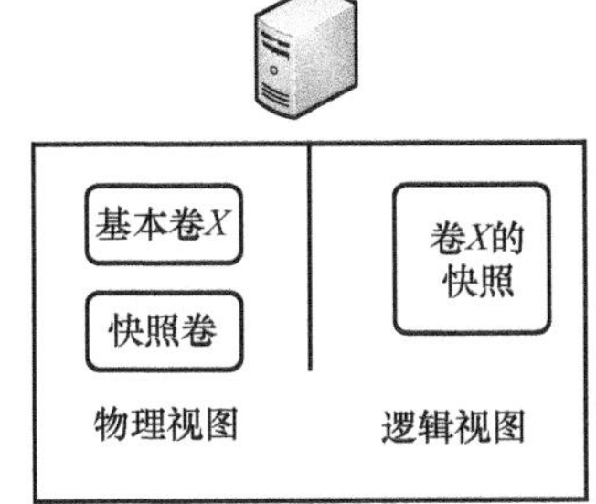

图 4.10　磁盘卷的快照示意图

3. 备份系统的总体架构

讨论的存储备份系统是基于网络存储的，所以外部的通信机制仍然是基于 TCP/IP 体系协议的。系统中的程序都基于 Windows 平台。备份系统中的管理器不直接控制存储介质，存储介质由相应存储资源代理所在的主机操作系统进行管理，备份系统仅仅利用操作系统提供的存储方式进行最终的存储。

如图 4.11 所示，存储备份系统主要分为三部分：第一部分是功能界面，主要是面向用户提供易于操作的管理界面；第二部分是应用逻辑，主要功能是备份管理器的调度、备份代理和资源代理以及资源目的代理等；第三部分是存储模式，主要用来存储逻辑数据和备份对象数据，在备份系统运行过程中产生的一系列数据称为逻辑数据，主要存放在数据库中。存放在存储资源端的数据称为备份对象数据，也就是备份系统需要备份或者恢复的数据。存放的方式由逻辑数据记录和保存，体现存储介质的特点。

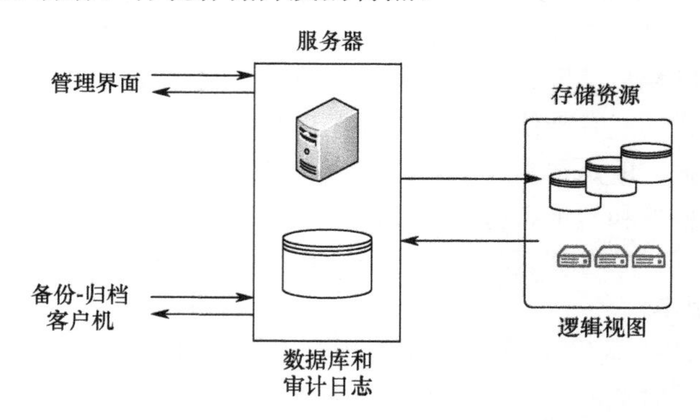

图 4.11　基于存储网络的备份系统的总体框架

4.5.2　数据恢复机制

其实数据恢复机制和备份机制是分不开的，4.5.1 节介绍了数据快照技术可实现数据的快速备份，但从恢复的角度看，它只能恢复一些事先选定的点（即做过快照的时间点），而无法保护任意时间点的数据。另外，如果点之间的数据量较大，恢复时间就会较长，难以满足一些对可用性要求较高的场合。备份的目的是为了恢复，因此，以更细目标恢复点和更短目标恢复时间为目标的连续性数据保护（Continuous Data Protection，CDP）技术日益受到人们的重视。

与快照相比，CDP 是一种更加细粒度的备份和恢复技术，它可以自动、连续捕获和跟踪数据中所有的变化，并将变化后的数据存储在与主存储地点不同的独立地点。CDP 的结构形式可以分为基于块的、基于文件的和基于应用的 3 种形式。

（1）基于块的结构形式工作于物理存储设备或逻辑卷管理层之上。当数据写入主存储器时，写入数据副本被 CDP 系统捕获并存储到一个独立地点中。

（2）基于文件的结构形式工作于文件系统之上。它可以捕获文件系统数据和元数据事件（如文件创建、修改或删除等）。

（3）基于应用的结构形式则直接位于受保护的特定应用中。这类应用可以提供深层的集成，并且作为应用自身的内置功能；也可以是利用特殊的应用

API 在发生变化时赋予其连续访问应用内部状态的权限。

4.5.3 存储空间的合并

存储空间是一种逻辑存储结构，它对上层应用提供寻址空间和相应的逻辑存储单元，提供操作集用于存取其中的数据。现实中应用的一个存储系统通常情况下由许多个存储资源构成，其中每个存储资源都可以看作一个独立的空间。通常这些不同的存储空间可能具有相同的存储结构，当然也可能不同，所以对用户来说为了可以通过一种统一的方法存取数据就必须要在它们之上重新建立新的存储空间，使得用户在存取数据时感觉不到底层的这些差异。同时，不同存储空间的合并方式会对产生的新存储空间的性能、可用性等产生非常大的影响。

1. 空间直接相加

空间直接相加是最简单的方式，也就是两个或者多个子空间如果具有相同的组织形式，可以把每个空间通过叠加或简单地进行扩展成为一个全局的地址空间。

如果各个子存储空间结构是相同的，也就是对外提供的操作是相同的，则在父空间的入口处增加子空间入口点的标识。由子空间完成具体的数据请求。这种方式不用改变子空间的结构和操作。这样做的优点是不用改变底层子空间的内部结构，同时原有的存储地址转变也不大。与此同时，系统可扩展性也比较好，某个子空间出现问题不会影响到其他的子空间。当系统中有新的子空间加入进来时，只需要在父空间的入口点处增加路由信息即可。

2. 变换合并技术

在变换合并技术中，父空间的每个存储单元和子空间的存储单元不存在简单的一一映射关系，它们之间必须经过特定的变换。变换过程可以是简单的地址函数，也可以是复杂的寻址，如 RAID 系统，父空间的一个存储单元实际对应着两个或者多个子空间的存储单元。

变换合并方法的缺点是扩展时需要空间的重构，所以就造成扩展性相对较差，同时一个子空间的失效有可能引起系统整体失效。变换合并方法的优点是可以定制父存储空间的结构，这样可以满足不同应用的需要。这种变换在线性子系统中比较容易，只需把父空间的一个存储单元划分成几个子单元，然后映射到不同的子空间存储单元，而在树型空间中较为复杂，必须使用一个复杂的数据结构记录这种变换关系。

第 5 章　逻辑资源及网络控制规划

建立网络的目的是通过利用各种网络资源来为通信提供支持和保障，而这些网络资源分为物理资源、逻辑资源和信息资源。物理资源是指计算机系统拥有的，能够让人所感知的机器组成部分，如中央处理机、主存和 I/O 通道等。逻辑资源指的是通过对网络的调度和配置，形成的通路、电路、号码等资源。信息资源是一种对现实事物、事务的数字化形式表达，它只是描述对象的一种映射关系，属于虚拟资源范畴。为了充分利用这些资源，使其对网络的传输贡献最大化，就必须对这些资源以及基于这些资源的网络状态和行为实施有效的网络控制。本章的重点在于介绍和分析网络中的各种逻辑资源，在此基础上，建立实用且有效的网络控制规划。

5.1　逻辑资源

5.1.1　逻辑资源的概念与特性

网络的目的是实现通信和信息的共享，网络在自行运行的情况下，须保证一定的传输能力、处理能力和存储能力以及拥有相对应的资源。逻辑资源便是其不可或缺的一部分。下面重点介绍逻辑资源的概念和特性。

一些基础设施是网络建设的基础，如管线网、电缆网、光缆网、机房，在这些基础设施上，建立了传输网、交换网、数据网、智能网、DCN 网等专业网络。通过对网络的调度和配置，形成了通路、电路、号码等资源，将这些资源称为逻辑资源。这些逻辑资源之间可以形成复杂的多层次拓扑结构，来标识网络中的节点位置，根据节点地址来建立路由，从而为各种业务提供带宽资源。逻辑资源既可以是有线的也可以是无线的，逻辑资源具有动态性和可规划性强的特点。

5.1.2　物理资源与逻辑资源的关系

物理资源与逻辑资源紧密相关，计算机系统的物理资源和逻辑资源的概念是从一定的理论高度对系统资源的认识，以及对于系统资源的虚实关系的观点也是从不同角度对计算机系统资源的认识，以此观点来看待计算机系统，就会发现系统中的不同资源存在共性。

物理资源也称为实资源，是计算机的实际组成部分，人们可以通过视觉、触觉感受到。如计算机的中央处理机（Central Processing Unit，CPU）、主存、I/O 通道和各种外部设备都属于物理资源。然而，不能直接对物理资源进行操作，需要借助操作系统来对这些实际的物理资源进行改造和利用。将物理资源改造之后的这些资源称为逻辑资源，也称为虚拟资源。逻辑资源目的是对网络资源的调度和调配，在这个过程中将形成各种各样的资源，如通路、电路、号码等。

计算机系统里的物理资源非常多，但是不能直接为用户所用，可以想象，如果将实际的内存交给用户直接使用，用户就需要考虑很多问题。比如考虑自己的程序和数据到底应该存放在哪个区域、从哪个地址开始存放等问题。程序中所使用的一般都是采用二进制“0”和“1”表示的物理地址（绝对地址），因此直接使用这些物理资源是非常不方便的。所以将物理地址转换为逻辑地址让用户使用，就显得尤为重要。如果将逻辑地址组成一个虚拟存储空间供用户使用，用户就不需要接触具体的机器来编写程序，只需要用类似标识符来标志用户所使用的地址就可以了，也就是说，使用逻辑地址来编程。虚拟资源的提出大大方便了用户对地址的操作。同时，逻辑资源还支持动态分配。

如果从计算机系统的角度出发，计算机系统的主要资源可以从概念上划分，如表 5.1 所列。

表 5.1　计算机系统主要资源的不同概念

资源	物理资源（实）	逻辑资源（虚）
主存	物理地址主存空间	逻辑地址虚存
处理机	CPU	进程
外部设备	慢速的字符设备	虚拟的外部设备
软件资源	物理文件	逻辑文件

从表 5.1 中可以得出，物理资源和逻辑资源是一对矛盾的两个方面，同时还可以得出以下几点。

（1）物理资源是具体的，是实际存在的；逻辑资源是虚拟的，并不是实际存在的。

（2）物理资源是在提高整个系统的功能和效率的过程中，涉及一些技术细节的具体设备，是面向系统的；而逻辑资源则是面向用户的，更加注重满足用户的使用习惯，是一种抽象概念。

（3）物理资源和逻辑资源是矛盾的两个方面，同时两者又共处于操作系统的统一体中，两者之间的映射关系由操作系统的相应功能来实现。

总的来说，用户使用的计算机资源是虚拟的，但实际存在于计算机中的是物理资源。系统资源的这两个概念（物理资源和逻辑资源）是从一定理论高度上对系统资源概念的抽象。

5.1.3 从应用看逻辑资源

在对网络资源的调度和调配这一过程中将形成各种各样的资源，如通路、电路、号码等。这些逻辑资源都应用在各种应用软件中。每个应用软件中都用到了多种逻辑资源。下面从常用的介质访问控制地址、电话号码、IP 地址 3 个方面进行详细介绍逻辑资源的多样性。

1. MAC 地址

介质访问控制（Media Access Control，MAC），或者将其称为物理地址、硬件地址，是用于识别局域网（LAN）节点的标识，用来表示网络设备的位置。

MAC 地址存在于网卡中，是由生产厂家在生产时直接写入到闪存芯片EPROM，里面存储着发送数据和接收数据的主机地址。数据在 OSI 模型底层的传输是通过全球唯一的 MAC 地址来进行的。通常所说的以太网卡，其MAC 地址是 48bit，如 44-45-53-84-00-00，这个地址是机器可读，存入到主机接口中。其中有一个专门管理以太网地址的机构 IEEE，将以太网地址分为若干独立的连续地址组，生产以太网网卡的厂家只需购买其中一组，将唯一的地址赋予以太网卡来进行生产。形象地说就是，MAC 地址与身份证上的号码一样都具有全球唯一性。

2. 电话号码

电话号码是由专门的电话管理部门为电话机而设定的号码。在中国，电话号码位数一般是 8 位，手机号码为 11 位。编号是为了构成呼叫路由和方便计费设备进行计费。

电话网的编号规则影响着电话网的设计。电话网的编号对网络来说，代表着网络组织系统和设备；对用户来说，编号直接代表着用户，一经确定，便不再修改，尤其是短时间内不允许变更号码。

1）电话网的编号规则

电话网编号是与生活息息相关的，下面介绍编号的一些规则。首先，编号时应该给本地电话和长途电话的发展留足空间，合理的编号可使号码资源得到充分的利用；其次，国内的电话号码长度应该符合 ITU-T 的相关规定，从1997 年开始，国内的有效电话号码的最长位长可为 13 位，我国根据实际情况，采用的编号计划是最长 11 位；最后，电话编号要具有相对的稳定性，尽量避免修改号码（含升位），同时，也要使长途和市话的交换设备简单，在通话连接过程中的路由选择方案简单。

2）电话网的编号方案

（1）字冠及首位号码的分配方式。数字“0”指的是国内长途全自动冠号，数字“00”指的是国际长途电话全自动冠号，数字“0”和“9”指的是长途或者本地特种业务、网间互通的首位号码，数字“2”～“8”是本地电话首位号码，其中，首位号码是“200”“300”“400”“500”“600”“800”的为新业务号码。

（2）本地网编号方案。一个本地电话网内，采用的编号体制要统一，编号长度应尽可能相同。本地电话网的用户号码分为两部分，即局号和用户号。其中，局号可以是3～4位，用户号为4位。例如，一个位长为7的本地用户号码可以表示为

PQR + ABCD
局号 用户号

（3）长途网编号方案。长途号码组成形式为

〔国内长途冠号〕+〔长途区号〕+〔本地电话号码〕

长途区号的编号原则有两个，即等位制和不等位制。我国幅员辽阔、人口众多，各地区通信水平不一致，因此根据地区情况，我国采用的是不等位制编号原则，长途区号有2位和3位的两种情况。具体分配为：首都北京，区号是“10”，其中本地网号码最长可以是9位；大城市和直辖市，区号是“2X”，X的范围是0～9，共10个号，将其分配给10个大城市，这些城市的本地网号码最长可以是9位；省中心、省辖市和地区中心，区号是“$X_1X_2X_3$”，X_1是3～9（6除外）之间的数，X_2的范围是0～9，X_3的范围是0～9，这些城市的本地网号码最长是8位，首位是“6”的长途区号中有两个留给台湾地区使用，分别是60和61，剩余80个号码62X～69X作3位区号使用。

显然，我国长途区号的编号方式采用不等位，可以满足对于号码容量的需求，长途电话号码位数还不能超过11位；反之，若不根据实际情况，采用等位编号方式，将导致在长途网和本地网两个等级上都不能满足对号码容量的需要。

（4）国际长途电话网编号方案。在拨打国际长途电话时，需要在国内电话号码前加拨长途字冠“00”和国家号码，即国际长途号码的组成形式为：

〔00〕+〔国家号码〕+〔国内电话号码〕

其中，国家号码与国内电话号码一起的总位数最多不超过15位（国际长途“00”不包括在内）。ITU-T有相关规定，编号区全世界共有9个，我国是第8编号区，其中国家代码为86。

3. IP地址

1）IP地址分类

IP地址指的是互联网协议地址，它是由IP协议提供的一种统一的地址格

式，为连接在互联网上的网络和主机来分配的一个逻辑地址，以此来屏蔽物理地址的差异，同时也是识别网上主机的唯一标识。IP 地址由 32 位二进制数字组成，形式为 W.X.Y.Z。从结构上可以发现，它是由一个网络号和一个主机号组成，网络号长度直接代表着整个网络包含的子网个数，主机号长度则代表能容纳的主机数量。这样的格式主要是为了便于路由器寻址。

IP 地址可以分为五类，即 A、B、C、D 和 E 类，如图 5.1 所示。其中 A 类地址有最多的主机数和最少的网络，以此类推。常见的 IP 地址的分类说明如下。

图 5.1　IP 地址分类和结构

（1）A 类地址可表示子网数为 128 个，用 3Byte 表示主机地址，理论上每个子网络下可以连接 16777216 台主机。

（2）B 类地址可表示 16384 个子网络，理论上每个子网络下可以连接 65536 台主机。

（3）C 类地址可以连接 2097152 个子网络，但每个子网络限制为 256 台主机。

（4）D 类地址指的是传送多路（多目）的地址。其中所提到的多路播送地址指的是互联网上的一组网主机。通常将多路播送地址当作公众地址。

（5）E 类地址作为扩展使用，可以用作广播和多路播送地址。

对于这五类地址的取值，除了上面的介绍外，还有以下规定。

（1）A 类地址中不能出现 W=（01111111）网络号，也就是十进制的 127，该值只可作为环回测试使用。

（2）所有网络和主机的 IP 地址的 Z 字节（也就是最后一个字节）不能全

为 0，因为全 0 用作网络测试使用，表示本网络。

（3）网络和主机各位都为 1 的地址用作广播地址，支持网络的广播功能。

IP 地址管理是由相关的网络中心负责的，属于资源管理的一部分。IP 地址是一种网络的逻辑资源，IP 地址不同于其他网络，可以采用单独的管理系统来对其进行管理和分配。

2）子网及子网掩码

在 1985 年，IP 地址由两级变成了三级，增加了一个“子网号”字段，使其成为三级结构。这在一定程度上解决了两级地址的灵活性和地址空间利用率低的问题，将其称为划分子网或子网寻址或子网路由选择，目前这种方法已成为互联网的一种标准协议。

划分子网的基本原理：一个单位里有许多物理网络，将一个物理网络划分成多个子网（Subnet）。划分子网之后，单位内部可见。这个单位的子网对本单位以外的网络是透明的。划分子网的方法：从原来网络的主机号中划出若干个比特当作子网号（subnet-id），剩下的主机号就是真正的主机号了。两级 IP 地址划分出主网号之后在本单位内部就变成三级 IP 地址，即网络号 net-id+子网号 subnet-id+主机号 host-id。也可以用以下记法表示，即

IP 地址：：={<网络号>，<子网号>，<主机号>}

一个 IP 数据报从其他网络发送到本网络时，首先通过网络号 net-id 来寻路和传输，这个网络号在 IP 数据报报首。详细的传输过程是：IP 数据报寻找本网络的路由器，数据到达该路由器时，该路由器解析报首；从而根据解析出的目的网络号 net-id 和子网号 subnet-id 进行寻址，找到最终的目的网络，最后将该数据包成功交付给目的主机。

仅仅从一个 IP 数据报的首部相关字节是无法判断网络是否有子网划分的，因为 32 位的 IP 地址并没有提供子网划分的信息。因此，子网掩码（Subnet mask）将 IP 地址划分为网络地址和主机地址的作用就体现出来了。

子网掩码长度为 32 位，与 IP 地址一致。子网掩码实际上是将 IP 地址分成网络地址和主机地址两部分，左边部分是网络地址，用二进制“1”表示，右边部分是主机地址，用二进制“0”表示。由于子网掩码能够清晰地表明主机与其所在的子网和其他子网的关系，使得网络能够正常工作，故子网掩码对于 TCP/IP 协议的网络都非常重要。

子网掩码有很多种，比较常用的是 B 类网络和 C 类网络的子网掩码，分别为“255.255.0.0”和“255.255.255.0”。子网掩码是“255.255.255.0”的网络：其最后一位数字的范围为 0～255，共有 256 个 IP 地址。由于主机号不能为全“0”或全“1”，因此实际应用中可用的 IP 地址只有 254 个。假设某个网络的子网掩码为“255.255.0.0”，后面两个数字的范围都是 0～255，因此可以提供 255^2 个 IP 地址。但是实际可用的 IP 地址数量是 255^2-2，即 65023 个。

5.2 逻辑网络设计

通过对网络的设计和规划，可以使网络功能达到最优。网络的设计规划主要包括 IP 地址的分类以及如何根据网络的实际情况选择合适的子网和在一个子网内如何设置正确的子网掩码来划分更小的子网以及如何正确使用 NAT。下面从网络安全方面来说明，如何对逻辑资源进行控制，从而实现对于网络的控制，尤其是网络安全。逻辑网络的设计是描述满足用户需求的网络行为和性能，表示数据是怎样在网络中传递。

5.2.1 IP 地址的分配

在日常生活中，经常会听到有人说："我们的 IP 地址快要用完了！"。在 IPv4 中，使用的是 32 位地址，因此提供的地址个数为 2^{32}，地址的数量达到 40 亿个。虽然在过去的十多年，计算机技术在飞速发展，主机数目也在呈指数级增长，未来也还会持续增长，但是互联网上的主机数不可能在某一时刻超过 40 亿台计算机。

但由于 IP 地址的分配问题，IP 地址并不是按照顺序从全 0 分配到全 1，在实际的 IP 地址分配中，地址是按照类别块进行分配的。也就是说，按照网络的主机数进行分配并划分网络号，这就造成了 IP 地址的浪费，因为几乎不可能将一个网络号下面的所有主机数全部利用。

在当今时代，虽然许多公司或组织都希望接入互联网，但也有例外就意味着并不是所有网络设备都需要一个公共的地址，网络还存在私有地址，但如果使用私有地址的主机想要和外部网络进行通信，就必须使用网络地址转换（Network Address Translation，NAT）技术，此技术可以将私有地址转换为公有地址，用转换之后的地址与外界进行通信。目前共有 3 个私有地址块：10.0.0.0 ～ 10.255.255.255；172.16.0.0 ～ 172.31.255.255；192.168.0.0 ～ 192.168.255.255。

任何人可以在任何时间、任何网络中使用上述私有地址中的任何地址块。当决定在网络中使用私有地址时，要注意 IP 地址的分配原则。

（1）地址数量。使用私有地址可以有足够的地址空间来进行分配，因为没有使用全球唯一的外部地址，因此在使用私有地址时可以很灵活。

（2）安全性。使用私有地址同样也能加强网络的安全性，这是因为内网内部没有主机能够到达互联网，同样，外网上的主机也不能到达网络内部。

（3）有限的范围。因为不能连接到全球的网络上，因此具备不受外界约束的内网地址，如果连接内网后希望能与外界进行通信，就必须获得全球唯一的且可路由的外网地址，并且还需要使用 NAT 技术来对内网地址进行重新编址。

（4）重新编址。无论是离开还是加入私有地址的管理，都需要重新对所有的 IP 设备进行编址，很多组织是在系统自动启动时获取 IP 地址，IP 地址是动态的，不是固定的某个 IP 地址分配给工作站。使用这种方法时，需要为该组织设立一个动态主机配置协议（Dynamic Host Configuration Protocol，DHCP）服务器。

在配置 IP 地址时，需要注意以下几个原则。

（1）对外开放的服务器的 IP 地址应该属于同一网段。

（2）如果各网络设备的网段是专有的，那么这些网络设备对外则是隐蔽的。

（3）如果将不对外开放的服务器划分到同一网段，他们对外同样也是隐蔽的。

（4）尽量根据部分来划分网段，也就是说，相同部分的计算机划分到相同的网段。

（5）划分子网时，要使得对于 IP 地址的管理变得简单，同样也要避免 IP 地址的浪费。

5.2.2 子网划分

目前的网络形势是 IP 地址资源已经开始出现不足了，还剩下一部分 B 类和 C 类地址。IP 地址消耗得如此之快的一个重要原因在于 IP 地址的巨大浪费。一个 B 类地址可以标识 16282 个物理网络，每个网络里面可以有 65534 台主机，6 万多台主机，可以想象很难有一个组织或者机构能将其充分利用。因此，可以将 32 位的 IP 地址划分为两部分，即子网 ID 和主机 ID。这两部分可用于提高网络划分的能力，并充分利用主机 ID 的编址能力，这就是子网编址技术。

子网编址技术是通过将一个网络划分成很多小网络来进行子网划分。例如，当一个公司拿到一组 IP 地址时，公司会将这个网络按照部门分割成小网络，这样可能每个部门都会得到一个属于他们的小网络。可以根据用户需求来进行网络划分，这样还可以降低流量、隐藏网络的复杂性。

总的来说，子网划分是将 IP 地址的几位主机位充当子网位，从而将原网络划分为若干子网。在进行子网划分时，子网位越多，那么每个子网下面的主机数会越少。

除了子网编制技术外，还有一种划分子网的技术，即无分类域间路由（Classless Inter-Domain Routing，CIDR）。其基本思想是将多个 IP 地址进行聚合，从而减少了路由表上的项数，这些是用来转发 IP 地址时使用的。例如，一个网络里存在 16 个 C 类地址，采用一定的方法可以将其聚合在一起，使得路由表中的项数减少，并减轻路由器的负担。其中“无分类”指的是 IP 地址的所属类别不予考虑，而用来寻路的路由的策略完全依靠 IP 地址的子网掩码来操作。

CIDR 不是按照原定的 A 类、B 类和 C 类地址来划分自己的网络，而是将它们进行重新构建。A、B、C 三类 IP 地址的网络号位数是固定的，而 CIDR 则比较灵活，网络号位数不固定，可以任意划分网络 ID，但 CIDR 地址同样也是标准的 32 位 IP 地址，包含网络前缀的信息。例如，CIDR 地址 222.80.18.18/25，其中“/25”就表示该 IP 地址的网络号为前面的 25 位，剩余部分为其主机号。CIDR 是一种“超级组网”，“超级组网”可以看成“子网划分”的逆过程。在子网划分时，划分主机位给网络位，在超级组网中，则是将网络位的某些位合并为主机部分。这种无类别的超级组网技术将很多 IP 地址汇集为路由表中的某一项，减少了路由表中的条目信息。

用一个实例来说明。一个 ISP 首先分配了一些 C 类网络，这个 ISP 将这些 C 类网络分配成 3 个 C 类网段（198.168.1.0、198.168.2.0、198.168.3.0）；然后将其分配给用户。那么这个 ISP 的路由器的表项中就会有 3 条通往 3 个网段的路由条目，并且还会通告给网络上的其他路由器。但是，使用 CIDR 技术后，就可以将这 3 项汇聚为一项 198.168.0.0/16。这样将大大减少网络的通信量，只需要将一条聚合之后的路由信息转发给其他路由表即可，同时也减轻了路由器的负担。

除了以上提到的子网划分方法外，通过 IPv6 可以从根本上解决 IPv4 地址不足的问题。IPv6 协议是 IP 协议第 6 版本，现在的 IPv4 网络主要面临两个问题：一个是地址枯竭；另一个是路由表急剧膨胀。IPv6 在 IPv4 的基础上改善了很多，进行了大量修改和功能补充。IPv6 取代 IPv4 是必然的，一个重要的原因是 IPv6 的地址空间几乎无限。

5.2.3 资源动态配置

网络地址转换（NAT）是一种对用户透明的技术，将一组 IP 地址通过某种方式映射为另一组 IP 地址。NAT 的一个重要特点就是隐藏内部地址，互联网可以看到由 ISP 分配的一个有效公有地址，但内部的计算机全部使用的是私有地址。

NAT 技术的使用场景如下：某公司因为保密的原因不想让公司外部看到内部的 IP 地址或者内部 IP 地址在外网是不合法的情况，因此内部的地址分配要适应外部的网络环境，需要在边界路由器上安装 NAT 实现网络地址转换。

同时，使得会话的请求及响应的发送必须经过相同的 NAT 路由器，这也是必须在边界路由器上安装 NAT 的原因之一，因为边界路由器在该域是唯一的。

NAT 有 3 种实现方式，分别是静态转换（Static NAT）、动态转换（Dynamic NAT）和端口多路复用（OverLoad）。

静态转换指将内部网络的私有 IP 地址转换为外网中合法的公有 IP 地址，它们是一一对应的，某一私有 IP 地址只能转换为某个公有 IP 地址。通过静态转换，私网地址和公网地址是一一对应的，所以可以在外部网络实现对特定设备的访问。

动态转换不同于静态转换，动态转换时内部网络的私有 IP 地址转换成公网地址是不固定的，这些私有 IP 地址可以随机转换为指定的合法公网 IP 地址。也就是说，只要指定了可以进行转换的私有地址和公网地址，就可以进行动态转换了，当一个 ISP 提供的合法外网 IP 地址少于内部的计算机数量时，就可以使用动态转换。

端口多路复用是指改变外出数据包的源端口并进行端口转换，即端口地址转换（Port Address Translation，PAT）。采用这种方式，在访问网络时，内部网络的所有主机均可共享一个合法外部 IP 地址，这在一定程度上节约了 IP 地址的资源，也起到了保密的作用，从外部无法看出内部主机的数目和组网关系。因此，端口多路复用方式在网络中应用很广。

5.3 网络系统控制规划

5.3.1 网络控制理论基础

信息时代人们生活工作中，网络的影响无处不在，网络变得越来越不可或缺，这对网络的管理也提出了更高的要求。随着系统科技、通信技术及计算机技术的不断发展与融合，网络控制论理应运而生。网络控制理论是控制理论与网络技术相结合的产物，这种融合发展过程如图 5.2 所示。

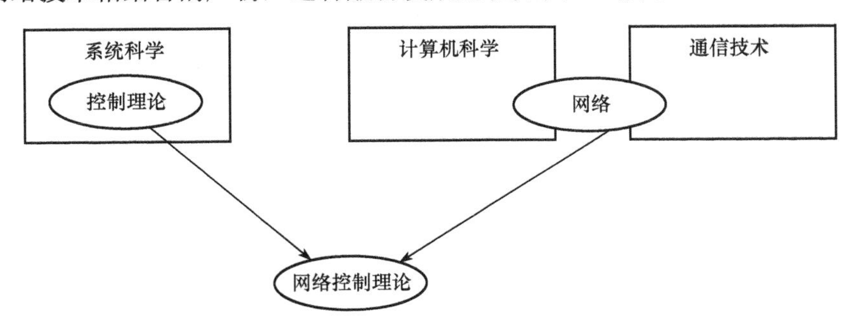

图 5.2 网络控制理论的产生

网络控制与网络管理是密切相关的，同时这两个概念存在交叉，这两者互为交互、互为支撑。就目前来看，这两者针对网络不同的问题，其目标和功能都不相同。虽然网络管理中也包含控制因素，但这种控制只占据很小的一部分，并且是不成体系的。然而，网络控制不仅包括网络管理中各种控制的成分，而且以网络控制理论作为指导，将现有的各种控制技术进行了归纳、融合和集成，以结构、接入、传输及访问控制概括了网络控制系统的结构组成及各种控制功能。目前，网络管理和网络控制都趋向于智能化，因此网络管理和网络控制将日趋融合。

网络控制可以认为是一条开环或闭环控制回路，它由信息采集、反馈、决策分析以及实施控制 4 个步骤组成。网络控制系统是存在反馈的，将网络控制系统输出量的一部分或全部，经过一定的转换后反送到控制中心，以此来增强或者减弱系统的输入信号。对网络系统的控制正是因为反馈信息才能及时调整输入的控制信息，从而实现网络系统的控制。反馈需要前提条件，即要求系统必须能对关键点进行准确、及时的信息采集及融合处理。

决策和控制同等重要。当多种控制预案存在，并且决策具有不确定性与选择风险时，这时决策论便提供了进行决策的分析手段。决策主要关注如何对系统的控制效能进行科学、准确地评估。

网络控制系统的反馈与决策都是实现网络控制理论系统的重要环节，网络控制的基本原理如图 5.3 所示。

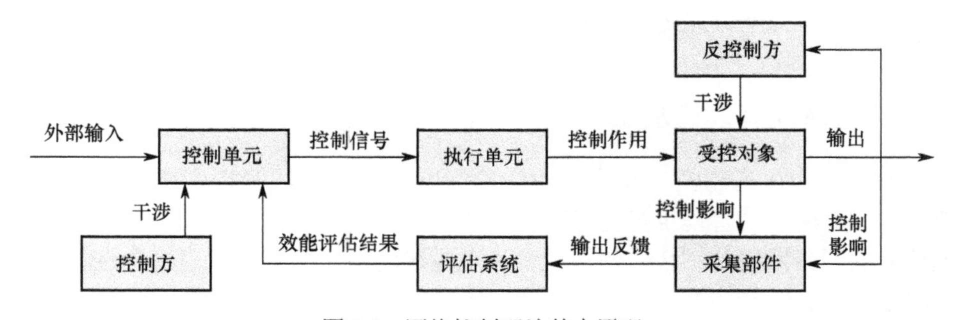

图 5.3　网络控制理论基本原理

外部的输入信号和中间的控制指令等经过控制单元的吸纳，便形成了对各级网络的控制信号，对控制系统中的被控对象进行控制（包括网络的软/硬件设备和子系统），调整各自的运行状态。这些控制机制是否能优化评估，最终是以受控对象的状态和性能指标作为衡量标准。这些指标及受控对象的行为表征，由反馈系统反馈给控制单元和控制方，以此来调整并制订新的控制方案，同时也对决策方案产生新的影响，由此产生新一轮的控制行为。网络性能的反馈和网络综合效能的评估都是网络控制系统的重要组成部分。因为在整个控制环节，对于控制信息的保持能力是评价网络控制系统的重要指标。

网络控制理论的原理，主要是将施加于系统的信息作用于受控对象，产生的行为结果反馈回控制系统，反馈信息对系统信息的再输出发生影响这个往复过程。

反馈有正反馈、负反馈之分。正反馈指输出端反馈回输入端的信息，对输出信息起到增强效果的作用；反之，则称为负反馈。正反馈会导致系统的输出量变大，输出信息的稳定性随之变弱，可能会产生信息的周期性波动。而负反馈则及时调整系统量，使系统趋于稳定，补偿系统内部的某些因素变化而产生的影响。在控制系统中，经常采用负反馈来改善系统的品质。

反馈控制主要利用负反馈，将系统输出量的部分或者全部经处理后反馈回输入端，从而实现对系统的预期控制功能。在这个过程中，需要将输出结果与预期结果进行比对，利用比对的偏差施加于受控系统。实现反馈控制，有以下 3 个必不可少的条件。

（1）制定标准，即制定能够衡量实际控制效果优劣的标准，此标准通常为某种预期的控制量。

（2）计算偏差，有表示实际结果与标准结果间偏差的信息，说明实际情况偏离标准多少。

（3）实施校正，偏差校正的目的是使最终的控制结果与标准吻合。

通常情况下，根据对系统实际情况的估计以及对系统的控制期望来主观确定控制标准，反馈控制是为了在实际允许的情况下，尽可能让客观的控制结果达到主观的控制标准，因此这是一个不断采集信息、评估、决策以及控制的过程。

在反馈控制系统中，常常使用的一个概念称为反馈控制器，是一个反馈控制中由控制方实行控制的决策器，它由两部分组成：一部分为评估系统，另一部分为控制单元，如图 5.3 所示。反馈控制系统是一种闭环控制系统，它由一个或多个反馈控制器及被控对象连接而成。反馈控制系统有简单的也有复杂的。简单的可能只有一个反馈控制器和一个被控对象，而复杂的可能包含多个反馈控制器和被控对象。而这里所讲的网络控制系统则是一个复杂的反馈控制系统，是由不同层次和范围的反馈控制系统组成。通常所熟知的网络控制系统有针对链路层的流量控制系统、针对网络层的阻塞控制系统、负载平衡控制系统以及服务质量（QoS）控制系统等。在网络中，通信双方可能是相同的对象，也可能是不同的对象，如控制器、被控对象，通信对象及既定的通信协议均对控制决策产生影响。在网络控制系统中，控制的一方为了降低系统中信息的不确定性采用负反馈机制，而另一方则采用正反馈机制，来增加系统中信息熵的不确定性。

5.3.2 网络控制规划内容

网络控制的研究对象一般可以从“模块化”来描述，它们是由各种网络实体抽象形成的。“模块化”描述指的是将网络系统用模块组成来分析网络。网络系统主要是由与网络相关的节点模块和链路模块组成，其中还包括各模块之间的联系和各模块中运行的过程和机制、网络的使用者以及网络存在并运行的环境。节点模块又分为终端节点和中间节点。一个典型的以太网络如图 5.4 所示。

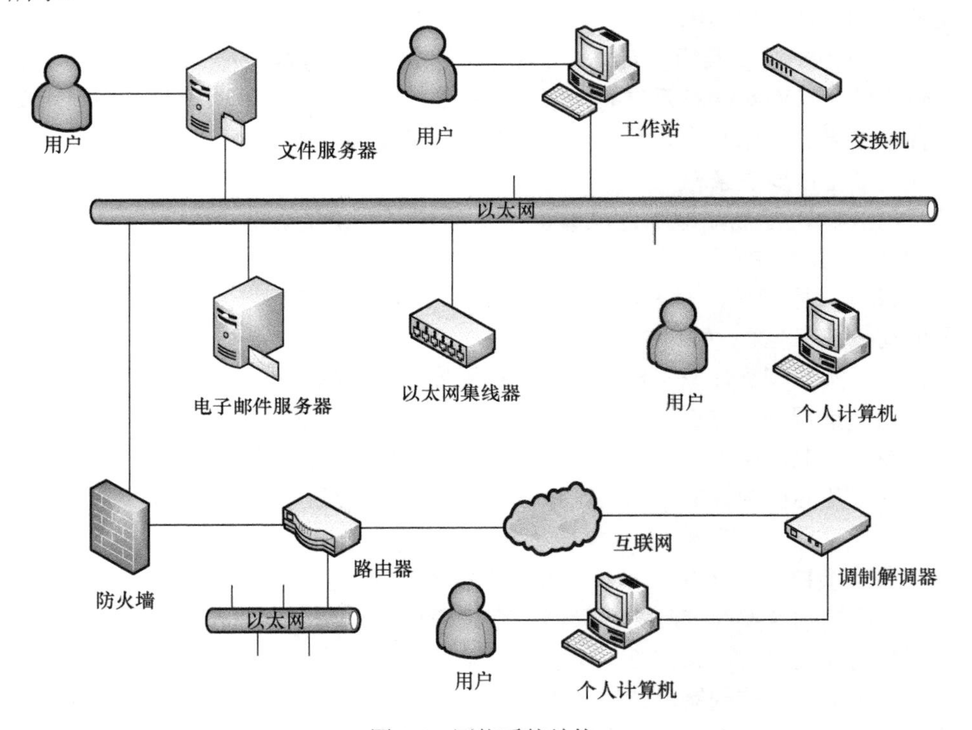

图 5.4 网络系统结构

1. 节点模块

（1）终端节点。终端节点属于链路的组成部分，包括源端点和目的端点（或者称为源节点和目的节点）。在实际的网络中，信息从源端点到目的端点，而目的端点主要包括服务器和终端计算机。服务器是用来存放网络共享资源，并提供网络服务的设备，如图 5.4 中的文件服务器、电子邮件服务器以及其他服务器。终端计算机就是客户使用的计算机，如图 5.4 中的工作站和个人计算机。

（2）中间节点。中间节点是指链路的中间节点，中间设备和传输介质将各个终端节点连接起来，从而构成具体的链路。在实际网络中，中间设备主要指路由器、交换机等通信设备，部分设备中配备有相关通信软件。下面介绍一些目前常用的主要通信设备。

① 网卡（Network Card）：网络主机连接网络及收发数据的物理接口。

② 调制解调器（Modem）：计算机与电话线路连接的设备，能够完成计算机数字信号与电话线路模拟信息的转换；拨号上网使用的连接计算机和电话线路的设备。

③ 集线器（Hub）：一种多端口的转发器，能够对接收的信号进行相应的整形及放大，能将多节点进行集中，克服介质单一通道的缺陷，是一种物理层互联共享设备。

④ 交换机（Switch）：网络节点数据包转发设备，通过 MAC 地址与网络地址映射表对接收到的数据包进行转发，能够实现数据的过滤及转发功能，可以减少冲突域。目前较常用的是二层交换机及三层交换机。

⑤ 路由器（Router）：用于连接多个网络地址不同、在逻辑上分开的网络，是网络层互联设备，其主要功能是数据包路由选择及网络流量控制。

2. 链路模块描述

从链路的角度看，网络系统是由一条条链路组成的，网络链路上存在信息的存储、传输和使用。网络中信息从源节点到目的节点必然存在一条连通的链路，保证信息能够传输。因此，网络控制系统是一个链路的集合。

从数学的角度分析，链路和节点的合成模块可以表示为

$$L=\{N_{\mathrm{S}},N_{\mathrm{T}},N_{\mathrm{M}i},T_i\} \tag{5.1}$$

式中：N_{S} 为源端点；N_{T} 为目的端点；$N_{\mathrm{M}i}$ 为中间节点的集合；N_i 为链接线路的集合。

3. 网络协议模块描述

网络协议是计算机网络中，为了进程间通信而制定的规则、标准或约定的集合，由语法、语义和同步三部分构成。

（1）语法。数据及控制信息的结构、格式与出现顺序。

（2）语义。控制信息的意义解释，即需要发出何种控制信息、完成何种动作以及做出何种应答。

（3）同步。也称为“时序”，指明事件发生详细顺序。

简而言之，“语义”指明要做什么，“语法”解释要怎么做，“同步”说明做的顺序。

网络的实际应用中，其模型通常采用的是 TCP/IP 四层结构参考模型，其结构如图 5.5 所示。

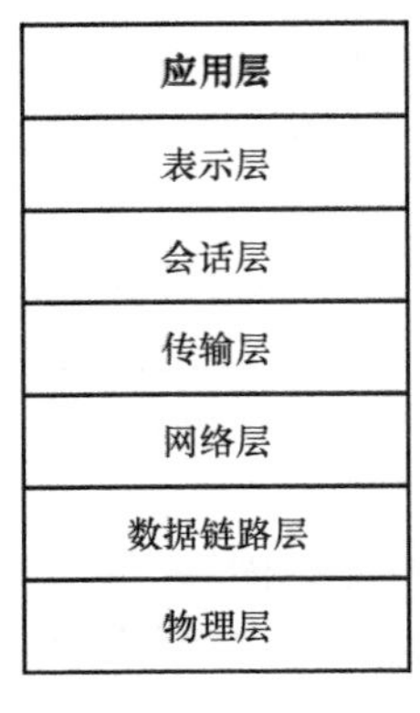

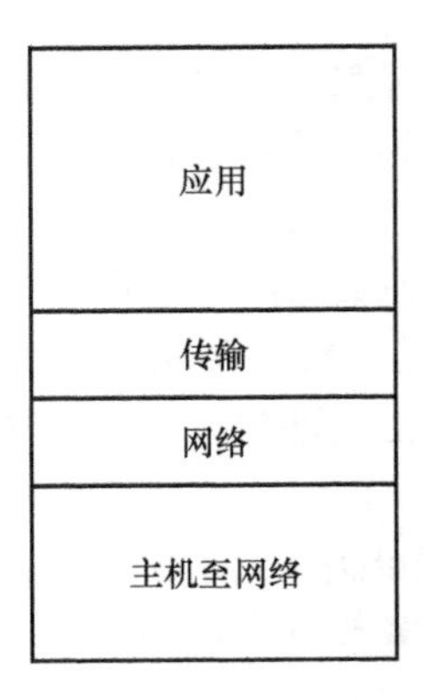

图 5.5　TCP/IP 参考模型与 OSI 模型对比

分层结构中的一个重要的概念就是协议，典型的协议包括 TCP/IP、NETBEUI、IPX/SPX 等。通常所说 TCP/IP，是指一种网络通信协议簇，并非只表示 TCP 与 IP 两种协议，TCP/IP 是互联网的基础，包括与网络通信密切相关的众多协议，如远程登录协议（TELNET）、文件传输协议（FTP）、电子邮件协议（SMTP、POP3、IMAP4）以及超文本传输协议（HTTP）等。

4. 信息价值描述

网络控制与网络反控制这两者是不可分割的矛盾体系。双方矛盾的核心是“控制网络权”，网络控制表现在“网络性能指标”上，反控制的源动力却是由信息的“不确定因素”造成的。因此，对于网络控制来说，信息这一根本控制对象是不容忽视的，入手点为信息价值的衡量指标，得到信息的“不确定性理论”，对其不确定性进行深入研究，包括影响信息价值的安全性、受控性、可靠性和实时性等。从控制体系出发，构建科学、可行的网络控制体系。

信息具有三大基本特性，即时间、空间、属性。“信息”对不同的使用者来说，不同地域或地理位置便具有不同的价值，这是信息的一种空间相关性。同一种信息对不同个体的价值并不一样，信息与使用者密切相关才能体现它的价值。信息的时间特性是指时间影响信息价值，信息的价值可与时俱增，也可与时俱降，实时性、及时性往往是决定信息价值的关键；信息的属性特征是指信息的种类、含义，对于不同的使用者，属性不同的信息包含的语义及实际意义也不相同，信息的价值自然也千差万别。信息除了基本特性外，还包括安全性、真实性、可用性等。

5.3.3　网络控制规划的方式

控制有很多特征，相应地就有多种划分方式，各种划分方式如下：

（1）按照关联结构划分，可以分为简单控制和分级控制；

（2）按照控制过程划分，可以分为集中控制和分布控制；

（3）按照信息反馈划分，可以分为开环控制和闭环控制；

（4）按照协同性划分，可以分为自治控制和协同控制；

（5）按照智能性划分，可以分为非智能控制和智能控制；

（6）按照控制效果划分，可以分为一般控制和最优控制等。

在实际应用中，“控制”本身具有多种特征，并不能、也无需以单一的标准对其进行归类，如网络管理，其控制系统及控制策略都十分复杂，从不同的角度看，它满足不同的特征，因此也就可以划归为多种类型。

在各种控制方式中，“分布式控制”具备很多优点，包括信息传输效率高、适应性强、控制简便、系统的可调整性强、有重构和再生能力。但是，它也存在缺点，如难以进行整体协同、无法保障整体安全性能。“集中控制”最大的优点，就在于能够整体协同，整个系统目标统一，便于管理，能够保障整体安全；但是其缺点也十分明显，如信息传输效率低、容错力差、控制复杂度高。在复杂的网络管理系统中，网络控制不能仅仅靠分布控制或集中控制某种单一的控制方式，往往需要两种方式相互结合，同时还需要加入大量的闭环控制、智能控制和协同控制等。

下面介绍几种实际中常用的控制方式。

1. 分级控制

分级控制的主要目的是为了让网络控制更加有效、便捷，但是由于网络建设本身存在的一些不足和缺陷，导致在网络管理上存在着“子网规范，大网混乱；网内规范，网间混乱”的特点，这直接导致大范围的网络管理对较小网络的管理困难，并且网管中心上、下级间缺乏有效的网络管理信息交流，这极大地增加了较大范围网络分级控制及管理的难度。

网络外部环境处于不断的变化之中，这要求网络控制系统持续吸收并处理大量外部环境信息，并进行相应的加工处理，以做出合适的应答，并对受控系统进行有效控制。从以下三点进一步说明分级控制方式。

（1）可将一个分级控制的问题划分为若干个子问题，子问题仍可继续进行划分。

（2）分级控制，原则上可以划分为两类，即集中控制和分布控制。集中控制是指在执行决策时，最终的决策由最上一级的系统做出；分布控制不同于集中控制，其子系统关系相对独立，对于总系统的影响更为灵活，上一级往往只是结构上的上一级，功能特性上并不对下一级直接产生影响，各级只充当整个系统中一个子系统，系统功能被分散，各子系统协同作用。

（3）分级控制主要有以下几个特征。

从结构上看，决策单元体系是阶梯式的，除最高级外，各子级层次上均有若干个平行单元；从时间上看，低层级的时间尺度短，反之亦然；从目标上看，各级控制目标不同，协作完成一个统一的大目标；从信息上看，信息处理次序自上而下或同级交互；从关联性上看，分级控制的调节需要借助各子系统间的关联，这种关联性由多种因素表现，如子系统的模型、目标和约束条件。

分级控制系统中，下一层与上一层间构成“黑箱结构”，即低层级只是将其运行活动的输出结果作为输入信息传递给高层级。

分级控制系统的特点：各层级间信息越独立，信息吸收能力越强，输出信息越精练，相应的控制效率越高。就此而论，分级控制系统有效运行的基础，主要在于层级间独立性以及信息的逐次收敛性，对于网络管理和控制系统来讲，几乎已成通则。

2. 协同控制

协同式网络控制要依据两个基本原理，即自治调节原理和协同式网络控制原理。

1）自治调节原理

（1）自治调节控制原理的主要设计思想。

① 假设被控对象之间存在相互联系都是有害的，且是与控制自治相矛盾的。

② 控制设计的主要任务是对整个系统进行子系统划分，并要求各子系统是由相互独立的单变量控制的自治系统。

③ 自治调节的实现，依赖于各单变量控制器间的相互联系。

以上也是自治调节称为解耦控制的原因。解耦控制即利用控制器之间的耦合，解除由于被控对象而存在的耦合作用。自治调节原理获得了广泛应用，尤其是在多变量控制系统设计中。实现自治调节的手段，通常可以采用传递函数矩阵模型或状态方程模型等。

2）协同式网络控制原理

并不是所有的网络控制设计都需要自治，很多场合是需要协同的。控制设计的任务是要保持变量在控制过程中的某种协同关系。在被控对象之间存在的相互联系，并不完全是有害的，有时甚至是有益的，因此，协同式控制原理在此时就显得尤为重要。

（2）协同式网络控制的基本原理。

① 协同式网络控制的任务是保持给定的协同关系，而不是个别的被控制量。因此，在协同式网络控制系统中，各被控制量没有外加的给定值，而是根据给定的协同关系，考虑系统当前的运行状态，自行整定其内部给定参数。

② 为了保持给定协同关系，需要按协同偏差进行多向反馈控制。协同偏差就是内部给定量与被控制量之差，根据协同偏差，应对各个被控制量进行负反馈闭环控制，将迫使系统的运行点向协同工作点运动，减少协同偏差，进入协同工作状态。

③ 协同式网络控制特征。被控制对象内部存在的诸多联系，如被控网元

间的数据状态或指令集的联系等。如何处理对象中的相互联系，是协同式网络控制系统设计的关键问题。因此，需要在控制设备间建立协同联系，针对被控对象，保留或加强相互间有益的联系，而抵消或减弱不利联系，使系统特性适应于协同式网络控制的需要，实现系统矩阵的协同化。

④ 协同式网络控制系统是在相对稳定状态下工作的，这里需要相对稳定的协同关系。这种协同关系可能被外界因素所破坏，如外来干扰。进一步，若干扰是可观测的，则可设法进行扰动补偿，如针对扰动进行补偿的开环控制通道，可用以消除或减小扰动对系统协同工作的有害影响。它与协同偏差的闭环控制相结合，构成复合协同式网络控制系统。

协同式网络控制原理、概念和方法可以应用于研究网络系统的协同式控制问题，其任务是实现网络控制的"协同化"，旨在提升网络管理的效率、可靠性及安全性。通过协同式网络控制，使网络系统中的各子系统相互协同、相互配合、相互制约、相互促进，从而实现各子目标的层次式，进而实现系统控制的整体目标与任务。

3. 最优控制

在网络系统的控制问题中，总希望在控制过程中实现某些指标最大或者最小，如要求网络发挥效用最大、时间消耗最小等，这便是最优控制问题。最优控制就是在网络系统约束条件下，通过调节控制方法或机制，使网络系统在一定的衡量标准下实现性能最优。最优控制有它的评价标准或评价方法，目标函数或目标泛函就是这种标准的数学描述。最优控制也就是求得目标函数或目标泛函的极大值或极小值的网络控制过程。

选择过程最优与选择策略最优是最优控制中最常见的两种类型。选择最优过程是较简单和较经典的一种最优控制问题。网络系统从一个状态向另一个状态过渡，可以通过多种过程到达，每一过程相应于一种控制作用。这时，最优控制问题就是从这些受控过程中选择一种使控制作用最优的过程，这就是最优过程。选择最优过程的方法往往用古典变分法，即拉格朗日乘数法则。它通过目标函数求极值，求得的最优解是一个不变常数，因此是静态最优解。然而，在网络控制理论系统中问题往往要复杂得多，需要用现代控制理论求解目标泛函的极值问题。

选择最优策略是指对于任意多级过程要对每一过程作选择，这些被选择的过程排成一个最优序列解，其中每个选择的过程未必是最优过程。但是整体过程序列最优，此序列解便是最优策略。选择最优策略的常用方法是动态规划方法。因为最优控制问题的解法十分复杂，并非都能获得严格的数学解，因此，针对网络控制系统这种离散系统需要采用动态规划方法。

对于不同的网络标准、不同的约束条件以及不同的网络控制系统，最优控制具有不同的具体方式。对于网络管理这样复杂的活动，单一控制方式未必能实现理想状态。因此，往往需要针对不同的情况采取不同的控制方式，并综合地利用各种控制方式，还要随着网络管理的不同阶段及时变更控制方式。

5.3.4 网络控制规划的过程

1. 基本控制过程

网络控制基本过程包括以下 3 个步骤。

1）确立控制标准

标准无非就是衡量控制效果的判据或指标，它们是在一个完整的网络运行程序中所选出的对控制效果进行衡量的一些关键点。确立控制标准是以控制需求或策略为依据的，同时，它又能使控制者在执行中不必去照管计划执行中的每一个步骤，就能够了解有关工作进行的情况。确立控制标准既是保持网络可控、稳定，进行有效控制的必要条件，又是实施控制的依据。标准既可以是定性的，也可以是定量的，但最基本的要求是标准能够且便于考核。

2）依据控制标准衡量执行情况

差错预防是可靠的办法，在差错实际发生之前发现它，并采取适当措施以避免差错的实现发生。因此，网络控制应该具有反馈回路。一般的反馈回路是由信息采集、效能评估、决策分析等环节组成的。恰如其分的控制标准和准确测定控制成效的手段，对实际或预期的网络执行情况的衡量及对已经出现的偏差的控制十分重要。

3）采取有效措施纠正偏差

纠正偏差既可以看作控制工作的一部分或控制过程的一个步骤，也可以理解为控制工作与其他工作的结合点。这是因为纠正偏差才能实现控制的目的。同时，纠正偏差又需要其他工作配合，才能采取适当措施实现纠正。可选的偏差纠正措施，如可以通过重新制定控制策略或修改控制目标、重新设置控制部件、改善或加强控制技术等。如果制定的标准反映了网络的实际情况，以及实际成效是按此标准来衡量的，那么控制者或控制单元就能准确地知道何时以及在什么地方采取什么校正措施，从而使偏差得到迅速纠正，使网络控制理论系统趋于稳定和受控的状态。

2. 控制过程设计

网络具体的控制过程是一个映射过程，由用户的控制需求映射到网络控制整个生命周期中的各种对应的手段、方法及策略。

1）控制需求分析

控制需求分析的目的在于将用户的控制需求，体现到控制系统自身的设计中去。其过程包括需求收集、环境与任务分析、功能性需求界定、性能约束条件收集与分析以及引导或挖掘用户未知或隐性的需求。典型的控制需求分析过程如图 5.6 所示。

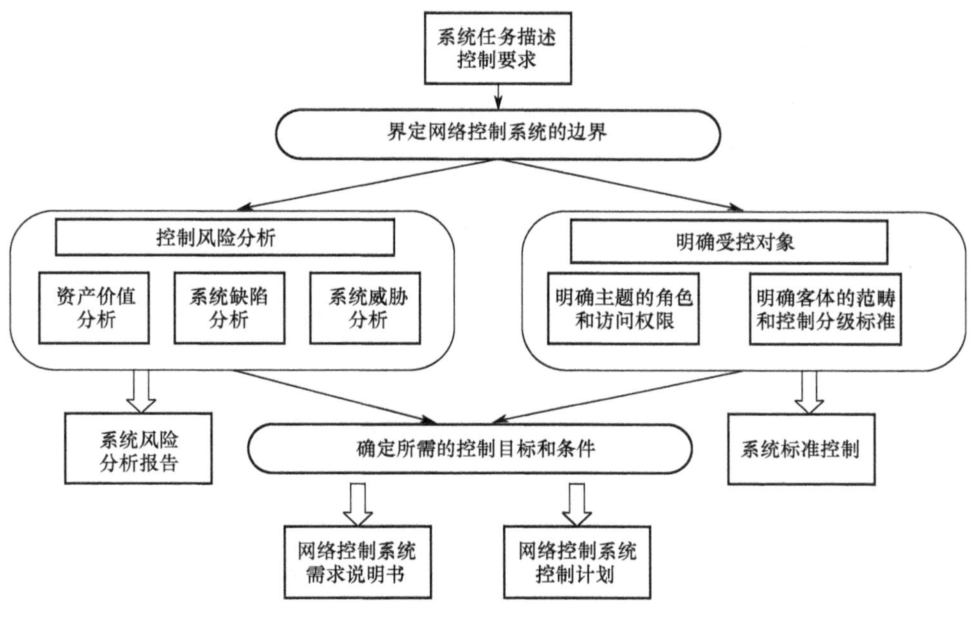

图 5.6　控制系统需求分析过程

控制风险分析，需要针对三方面深入进行，即系统信息资产价值、系统缺陷和系统面临的威胁。系统风险与信息资产的价值、系统缺陷、系统面临的威胁程度成正相关。系统风险分析报告成为获取用户对系统的控制期望、挖掘控制需求、选择控制解决方案的重要依据。需求分析的另一重要内容是明确受控对象，受控对象分主体（主要是用户或用户代表）和客体（主要是网络资源和信息资源）。主体具有不同的角色和访问权限，客体具有不同的受控等级，因此必须确定主体的角色和访问权限，确定客体的范畴和控制分级标准，并且划分信息的控制域，最后得出系统的控制标准。控制需求分析的目的在于获得系统的控制需求，并进一步形成需求说明书及测试计划。需要注意的是，需求分析是一个多次反复的过程，需要与用户持续交流意见，适当引导并挖掘用户需求，是一个反复提炼的过程，最终形成的需求说明书应当完整、精确且具有适当的可扩展性。

2）控制系统设计

典型的控制理论系统设计过程如图 5.7 所示。

用户的控制需求是通过网络控制理论系统的控制服务实现的，而这些控制服务又是由相应的控制机制和控制模型实现的。因此，控制理论系统的设计采用自上向下、逐步求精和反复决策的过程。将控制理论系统分解到更低级的功能或资源，将性能和其他限制的需求分配给更低级的功能，确定精练的功能接入（内部/外部），定义和集成控制体系结构，根据需求选择控制方式和控制结构，建立控制模型的布局和相互关系，形成详细的系统设计报告和系统控制计划。

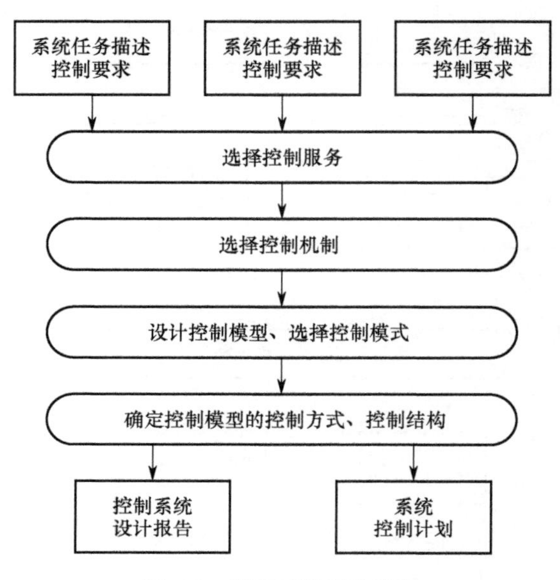

图 5.7　控制系统设计过程

3）控制系统实现

经过对设计报告的检查和鉴定，下一步就开始实现具体的控制理论系统。典型的控制理论系统实现过程如图 5.8 所示。

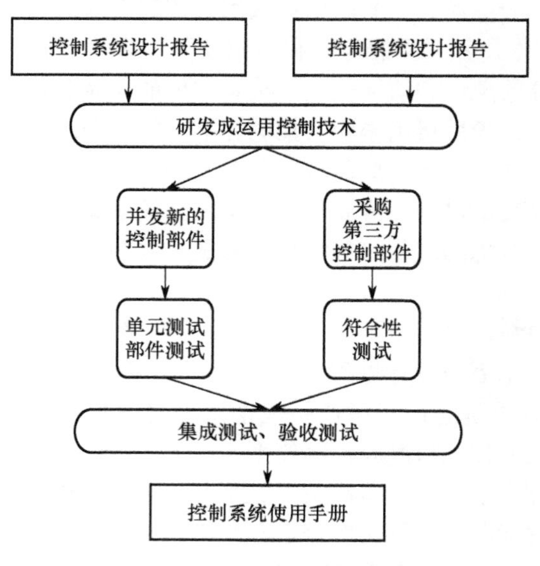

图 5.8　控制系统实现过程

控制理论系统的实现与普通软件系统的实现基本没有太大的区别，它是运用具体的控制技术，开发自己的控制部件，或利用第三方控制部件，实现控制理论系统的过程。在实现过程中，要根据系统的测试计划对各个控制部件进行正确性测试、功能测试和符合性测试，并对最终形成的控制系统进行集成测试、运行测试和验收测试，根据测试结果更改设计要求或实现的代码，并最终形成控制理论系统的使用手册。

4）控制系统运行

一旦实现了网络控制理论系统，就标志着系统已经从开发阶段进入了运行维护阶段，控制理论系统的运行过程如图 5.9 所示。

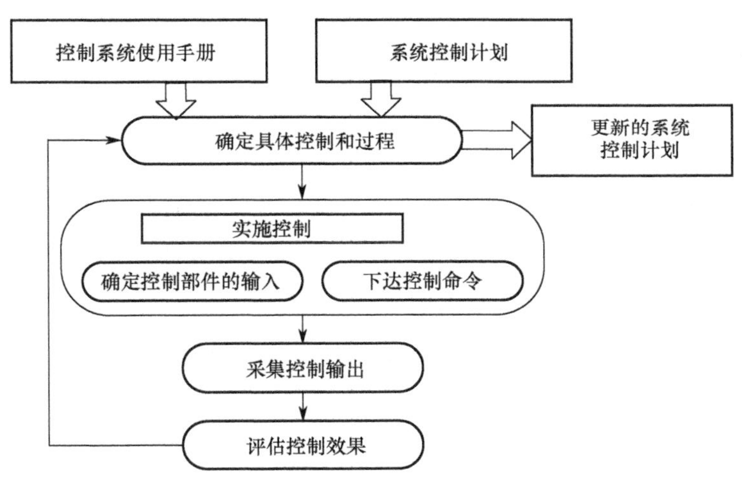

图 5.9　控制系统运行过程

网络控制系统的运行，包括信息采集、处理、反馈、评估、决策及控制等过程。控制的关键在于根据当前的系统运行状态和控制要求，选择恰当的控制部件输入参数，下达正确的控制指令，只有这样才能实施有效的控制。控制效果是通过效能评估得到的，控制则是按照系统的安全控制计划进行的，并根据系统实时的运行状态，动态调整控制计划。

5）控制效能评估

控制理论系统的控制效能评估是设计、实现符合要求的控制系统，保证控制理论系统的控制效果的关键，它与控制理论系统生命周期的各个活动环节紧密相关。效能评估可以帮助用户对安全需求进行有效的定义；可以帮助开发者描述系统的控制效能并且可以帮助评估者度量系统的可信度（Assurance Degree）和可控能力（Controllability）。静态效能评估能帮助系统分析与设计人员选择正确的控制模型，设计出良好的控制体系；动态效能评估能帮助控制人员及时了解系统的运行状态和控制效果，准确地控制系统。典型的控制效能评估过程如图 5.10 所示。

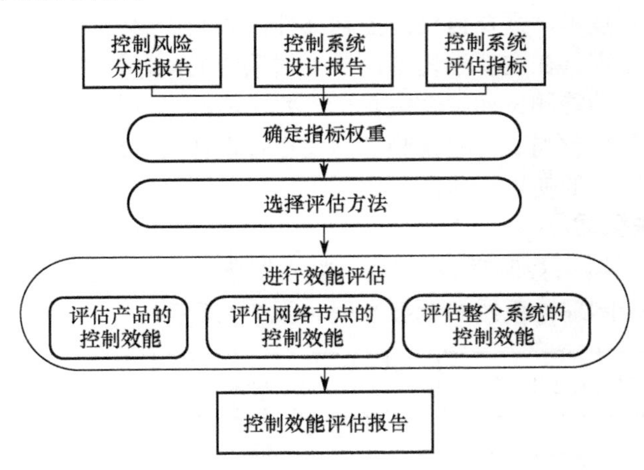

图 5.10　控制效能评估过程

选择合适的评估指标与评估方法是效能评估的关键。评估指标选取，可参考系统风险分析报告中的用户控制需求。控制需求度越大的节点或网络，需要采取越强的控制措施，依据这样的原则，系统最终的整体控制效能才能更加优化。评估的过程采用先局部后全体、先静态后动态方法。在进行动态评估时，需要注意选择正确的综合评判算式。

在控制理论系统的整个生命周期中，各个活动过程并不是相互独立的，它们之间的联系如图 5.11 所示。

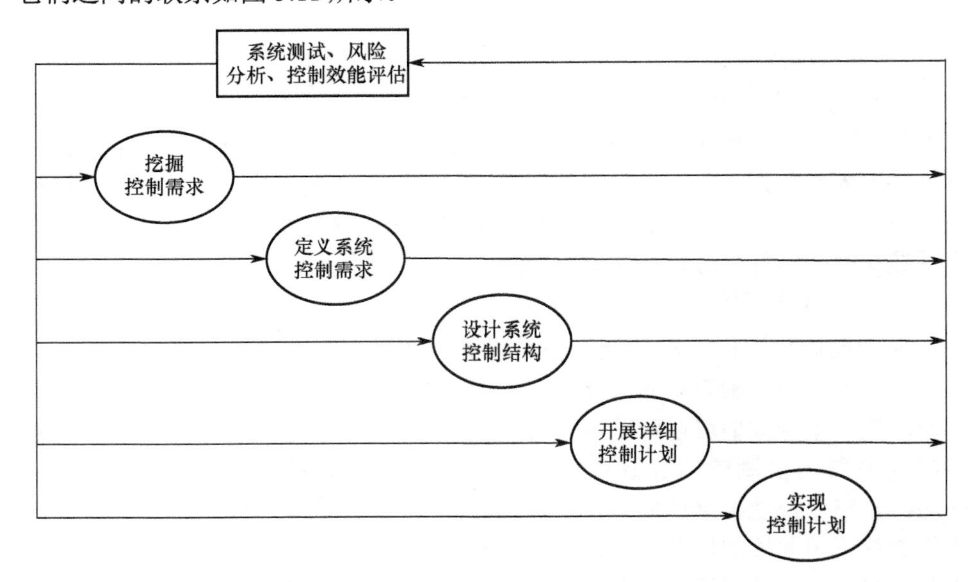

图 5.11　控制系统各过程的相互关系

控制需求分析、控制理论系统设计、控制理论系统实现和控制效能评估构成了一个多级反馈的开发模型，在整个过程中都需要用户的参与，每个阶段结束后，都需要进行相应的检查、测试和评估，并根据需要重复以前的过程，使网络控制理论系统的开发和运行符合用户的控制要求。

综上所述，网络控制理论系统的具体控制设计过程如下。

（1）根据控制需求和设计选择的控制模型，自主开发或购买相应的控制部件或子系统，安装在系统的相应位置。

（2）确定每种控制模型的控制方式和控制结构。

（3）制定控制部件的初始化参数。

（4）实时采集信息网络系统的运行状态，对系统风险和控制效能进行准确、及时的评估。

（5）按照控制要求和反馈的评估结果，实时调整控制部件的输入参数和工作状态。

（6）根据需要调整控制理论系统，包括使能、禁止、更新控制部件等调度操作。

控制是一个不断反馈的动态过程。针对每种系统风险和控制需求，采用的控制模型和控制部件不同，相应的控制过程也有所区别。在网络控制理论系统中，反馈控制、前馈控制、智能控制、人工干预控制、实时控制、非实时控制等各种控制方式都可能被采用。系统物理结构或逻辑结构不同，相应的控制结构也需要适当调整。信息网络系统是一个复杂的系统，它往往需要多种控制结构及控制，对控制系统的反馈频率、效能评估精度以及控制反应速度也有着多样化的要求。

5.4 基于园区网络的逻辑网络设计实例

网络监视和分析以及网络控制都属于网络管理的一部分。人工控制或自动控制都是可行的，最终目的在于实现对网络的有效控制，能够通过对网络的控制为用户提供相应的业务或服务。

在实际生产生活中，网络的建设与应用是一项庞杂的系统工程，包含科学技术、组织管理、经济管理，乃至社会道德与法律等方方面面，均有所涉及。除了技术标准与要求外，还要考虑到社会法律法规要求，因此实际应用中的网络建设与运行维护，必须要遵循一定方法与规范。本节以一园区网络的设计为例，对网络设计过程及相关问题进行介绍。下面从网络分析和逻辑设计来讨论某园区的网络建设。

1. 设计目标

1）园区网的结构组成

园区网是一个全新的网络系统工程，首先分析结构组成。网络系统由硬件与软件两大子系统构成，硬件部分主要包括主机、服务器、交换机、跟帖设备、安全设备及各类应用配件等，也包括强弱电机房、监控中心及各类硬件环境搭建所需的设备；软件系统是由系统软件和各类应用软件组成，常见的系统软件有操作系统、网管系统和安全系统等，常见的应用软件有办公自动化系统、综合教务管理系统和图书馆自动化系统等。

2）逻辑设计目标

园区网络建设的主要目标是，建立一个多层次、可靠、可管理和运营的开放式园区网络，提升园区工作效率，规范园区管理。要使得该园区网络顺利建成，就要保证以下几个方面：首先需要对园区网络进行总体规划，然后分步实施，以顺利有效地开展园区网络为核心，以园区的工作人员为主体，同时要注重应用系统的建设，还要保证园区网络建成之后的可扩展性。

2. 网络服务评估和总体设计

根据该园区网的需求，该园区网要求覆盖整个园区，其中包括行政办公区、科技产业区、工厂区和宿舍生活区，要求最终的园区网能提供高质量的各类业务，如文字、语音、图片及视频。因此，在园区网络设计阶段，需要将网络划分成两部分，即主干网和各区域子网。主干网的带宽可达 1000Mb/s，子网带宽 100Mb/s，各网络均要支持 VLAN 及其管理、IP 组播等功能，结合园区的需要及实际环境，在网络技术选型上可采用快速以太网技术。

主干网采用三层交换千兆以太网，子网是二层或三层千兆交换快速以太网，其中单机也可实现百兆接入。其网络拓扑结构采用分层树状拓扑。这样可将整个园区网络划分为相对独立又相互关联的三层结构，即核心层、汇聚层和接入层。每栋建筑间以光纤相连，建筑物内部则采用双绞线连接。

在网络中心，更确切地说，是逻辑中心处，设定一个核心层节点，所有主干线路均汇聚于此，该核心层节点同时也是整个园区网络对外的唯一出口。根据园区实际情况及应用需要，汇聚层可再分为一级汇聚节点，它与核心交换机直接相连，二级汇聚节点则与一级汇聚节点相连，而不需要与核心网相连。根据实际需求，全网共设有 3 个汇聚节点，分别是员工宿舍汇聚节点、办公区汇聚节点和计算中心汇聚节点。全园区网络共设置 5 个二级汇聚节点，分别位于员工宿舍 1 号楼、员工宿舍 3 号楼、员工宿舍 5 号楼、信息楼的一层、信息楼的三层。

网络接入层，其交换设备置于建筑物的弱电设备间，对外提供第 8～24 端口，端口均为标准 RJ-45 端口，次端口提供 10/100Mb/s 带宽。各交换设备间以级联方式进行连接并与汇聚层通过千兆上行光口相连接。

该园区的网络中心到一级汇聚节点的线路属于主干链路，也就是说，在该园区网络中的主干链路指的是网络中心到宿舍的汇聚交换中心、网络中心到办公大楼和活动中心的汇聚交换中心，以及网络中心到计算中心的汇聚交换中心这 3 段链路。

根据用户需求并结合实际情况，对该园区网做相应的分析及设计，可得到该园区网络的结构如图 5.12 所示。

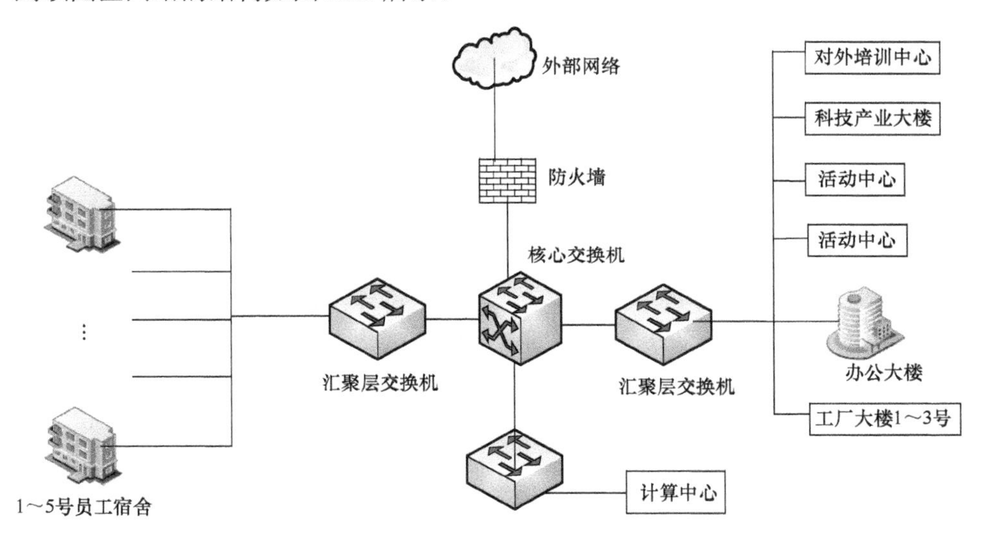

图 5.12　园区网络拓扑结构

3. 网络管理设计

根据用户的需求可知，该园区网需要是一个可管理的网络，因此在网络逻辑设计时必须考虑进行网络的管理结构设计。

4. 网络安全设计

针对园区的实际情况，网络管理设计的主要任务是要解决故障的查找、配置，其中还包括重配置和网络监视问题。一般情况下，要解决这些问题需要借助一定的软件工具，因此让主干交换设备厂商来提供网络管理软件。

5. 互联网接入设计

根据用户的需求，该园区网络必须接入互联网。通过与互联网业务的运营商和园区的相关领导洽谈，最后决定采用 10Mb/s 的光纤接入国内公用的信息网。

6. 网络设备选型

1）物理层设备选择

根据实际情况，室内的综合布线采用的是 IBDN 的超五类非屏蔽双绞线，而室外光纤采用单模或多模的 6 芯或 12 芯光纤。设备布置情况如下：网络中心到员工宿舍区及办公区汇聚点采用 12 芯单模光纤；员工宿舍区汇聚点到二级汇聚点、办公大楼和活动中心二级汇聚节点；网络中心到计算中心（一级汇聚节点）采用 6 芯多模光纤。

2）其他网络设备选择

根据最终的需求分析和网络的总体设计，在该园区网络中，核心层的交换机设备选用的是华为 S8016，汇聚层宽带接入服务器选用的是华为 MA5200F，接入层终端设备选用的是华为 520260。

华为公司推出路由交换产品 Quidway S80I6，其容量大、模块化强，主要定位是 IP 城域网骨干汇聚层和企业网骨干交换层。该产品能提供完善可靠的 QoS、高效的业务流控制，以及高密度、大容量交换能力，可作为此园区的主要路由交换设备。该路由交换产品采用的是全分布式结构，这样不会使性能受到限制，同时可以避免普通三层交换机路由集中式处理造成的效率低下。该设备采用的是 IBM 公司的高性能 Power NP 网络处理器，能实现灵活的可编程业务处理，可扩展性非常好，可灵活添加业务，最终实现多业务、大容量的路由交换功能，NP 也更容易实现系统升级。与其他同类产品相比，虽然成本高，但是处理能力和业务实现都更好，可很好地满足该园区网的应用需求。

第6章 网络安全规划

网络安全是指在各种复杂的环境或者破坏因素的影响下，网络依旧能够保持正常运行的能力。网络安全不是单一的内容，它涵盖了网络系统的各个方面，包含物理安全、运行安全、访问安全及信息安全，各种安全之间交叉联系、相互影响。因此，对网络安全的规划不能仅仅从某一方面的安全考虑，而是要统筹规划各种安全，有步骤、有计划地实施网络安全保障方法。

本章将从 3 个方面详述如何进行网络安全规划，包含如何进行网络安全的预防、做好预防工作之后如何处理遇到的常见网络安全问题、处理网络安全故障之后对网络安全的检测评估和优化进行分析。经过这 3 个步骤，基本可以处理各种常见的网络安全问题。

6.1 网络安全介绍

6.1.1 网络安全介绍

众所周知，在网络快速发展便利人们生活的同时，也产生了很多负面的影响。2016 年，中国互联网协会发布了《中国网民权益保护调查报告 2016》，该报告表明，在 2016 年内，国内就有 6.88 亿网民的个人信息等重要信息被泄露，由此造成的经济损失约达 915 亿元。

各种非法获得网民信息的情况非常普遍，这些信息不仅包含个人基本的身份信息、电话号码、家庭地址等，甚至包含网络账号和密码、网银账号和密码、购买记录等各种金融保密信息，并且快速促成了类似“非法获取个人信息—中间转接信息—违法使用信息”的非法盗取信息的产业。其实，个人私密信息被泄露只是现实生活中的一个非常常见的小例子，在日常生活中非常普遍，可以说这种网络安全问题已经成为普遍的社会现象。追根溯源，私密信息泄露是因为网络不够安全。由此可见，网络安全是十分重要的，因此必须更加重视网络安全。

网络安全是一个非常重要的概念和意识，几乎所有接触网络的人都知道，但是并不是所有的人都了解网络安全，所以在现实生活中常常有人将网络安全和信息安全归类为一种，尽管它们是相互关联的，但毕竟是两个不同的概念。

总之，对于这个概念很难下一个完整、准确的定义，但网络安全就是在各种破坏因素影响下，还能保持正常运行的能力，这种能力表现在网络的各个方面、各个层次。这里所说的破坏因素有人为的，也有自然的因素。因此，所有的网络都存在安全问题，只是涉及的层面不同而已。

网络安全是个系统工程，已经引起社会广泛关注，保障网络安全已经刻不容缓。保障网络安全最重要的就是应用网络安全技术，这涉及法律法规、政策、策略、规范、标准、机制、措施、管理和技术等方面，需要协调合作与发展。当然，网络安全不仅关系到普通网民的生活，更对国家层面的安全非常重要，可以说网络安全不仅涉及国家政治、军事和经济、文化等各个方面，更影响到国家安全和主权。随着计算机网络的普遍推广，网络安全的重要性更为突出。因此，建设网络安全不仅关系到个人的生活质量安全，更关系到国家的长足发展与繁荣。

6.1.2 网络安全的内容

网络安全由于不同的环境和应用而产生了不同的类型，目前比较普遍的分类方法是从使用和构建网络的角度，将网络安全分为物理安全、运行安全、信息安全以及访问安全 4 个重要的方面。

1. 物理安全

在网络安全中，物理安全是最基本的内容。物理安全包含为网络设备提供一个安全的物理运行环境，对接触信息系统的人员实行具体、完善的技术控制方法，并且还要充分避免自然灾害等各种原因造成的破坏与损失。简而言之，物理安全就是保护信息系统的软硬件设备、设施以及其他媒体免遭各种自然灾害、蓄意毁坏或操作错误的破坏。可以说在网络安全的体系中，物理安全是一切其他安全的基本保障与顺利运行的前提。如果不能保障物理安全，如有人非法接触运行中的服务器等设备并且对其进行毁坏，那么即使后续的安全措施做得非常完美也不能发挥作用。具体物理安全的分类与如何进行物理安全的防护，后续的章节会做具体的描述与分析。

2. 运行安全

运行安全是网络在运行状态下出现的安全问题，如网络病毒及传播，其主要是破坏各种网络节点和终端系统的正常运行状态，甚至使网络发生瘫痪；信息传输过程被自然因素破坏，即各种电磁干扰也会破坏正常的信息传输，还有人为的传输过程中信息篡改、广播风暴以及路由阻塞等。这种安全问题可能是全局性的，也可能是局部性的，但是它对网络的危害是非常大的，且侵害安全事件的发生往往是随机、不可预见的，因此防范不但非常困难，且代价很大。对于如何保障网络运行安全以及如何处理网络运行过程中发生的各种问题，人们花了很多时间，费了很多精力与钱财，专门对运行安全进行探讨与研究，可喜的是，在某些方面还是取得了一定的效果，如制定了具体网络安全协议规范和标准。

3. 信息安全

网络信息安全的目的则是保证信息不被窃取监听、保证信息真实可靠不被篡改，即保护信息的保密性、真实性和完整性。避免攻击者利用系统安全漏洞进行隐私窃取、冒充诈骗等非法行为。可以说网络信息安全的本质就是保护用户的合法权益和隐私不被侵犯。

这里所讲的网络信息安全是指在网络上传输、处理和存储的信息安全，是信息具有在网络系统上传递、处理和存储而保证正确性、准确性、及时性和隐私性的能力，这种能力是由外界附加给信息本身的，以防止信息在网络系统中存在时被破坏、篡改和丢失，防范的因素不仅仅是人为的因素，也有自然的因素，如设备故障、噪声干扰等。因此，可以说对网络信息安全问题的研究，是所有网络安全领域中历史最长的，甚至可以说目前的很多方法、标准和规范的产生远远早于网络的出现，如信息的加密解密算法、编码方法等。在这方面也有大量的标准和规范，人们仍在不停地进行这方面的研究。

4. 访问安全

访问安全是指网络的使用者在未经授权的情况下使用网络资源，以达到破坏网络资源、非法占用网络的目的。访问安全隐患不仅是破坏和非法获取网络上的信息、数据和资料，甚至是非法接管整个网络资源的管理和调配权。这种接管权的丧失不仅会造成网络性能下降或瘫痪，更可能被敌对方在管理员不知情的情况下非法利用，就如同网络中埋藏了一颗隐形炸弹，却不知道它的存在和什么时候会爆炸。对于访问安全问题的处理应该是一个完整的系统方案，绝不应该是防止网络页面被“黑”那么简单。目前我国正在进行这方面的研究。

6.1.3 网络安全规划流程

正如前面所描述的，网络安全包含很多方面，从硬件平台、运行操作到业务应用，不同的方面有不同的安全技术、协议和措施，网络安全也与人们的需求密切相关。这里将从网络的运行机制和业务应用的支持角度进行安全措施描述，主要集中在安全问题处理的三大步骤上，即预防、检测和补救。网络安全规划的流程如图 6.1 所示。

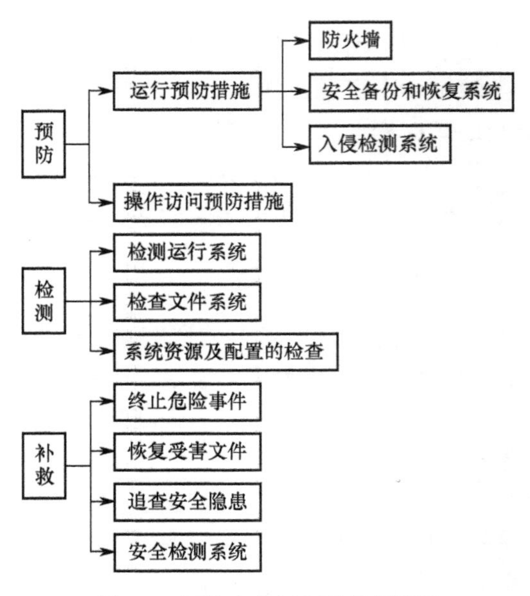

图 6.1　网络安全规划的流程框图

6.2　网络安全的预防

最好的安全措施是将安全问题拒绝于网络之外，即防患于未然。在网络规划设计时就将网络的安全预防措施一并考虑，在网络的结构和系统中采取一些有效的预防措施，在一定条件下最大限度地防止网络系统出现安全问题。

本节将详细讲述如何进行网络安全的前期预防工作，包含最基本的环境设备安全的预防、常见的安全隔离技术防火墙、对网络传输进行即时监视的网络安全设备、入侵检测系统、普遍使用的网络安全防范措施、操作访问安全措施的制定、漏洞和安全备份等内容。

6.2.1　环境、设备安全

1. 保障机房环境安全

1）机房环境安全

要保障信息系统安全、可靠地运行，前提是要有一个安全的环境。这个安全环境就是指机房与机房设施，包括机房环境条件、安全等级、场地环境、构造环境、装饰装修和机房设备的防护措施等符合安全规范要求。

2）预防其他自然灾害

预防其他自然灾害主要包括湿度、高温、腐蚀、洁净度、噪声、电气干扰、地震、雷击等灾害。以常见的企业机房为例，为了保障机房的环境设施安全，需要严格执行环境设备运行维护检查方案，如表 6.1 所列。

表 6.1　机房环境安全检查

检查类别	检查内容及要求	检查方法
环境、空调检查	机房内是否每 50 m^2放置一个温湿度计，重要区域（关键信息系统设备的进风口）是否配备温、湿度计	现场检查温湿度计的布置数量和位置是否符合要求，校验现场温湿度计、空调回风温度指示是否合格
	机房温度范围为 22～24℃，相对湿度范围为 40%～55%	现场测量温湿度，以手持式温湿度检测仪器在每个空调回风口取样
消防检查	消防设施是否按当地消防局规定进行年检	查看消防局年检报告
	消防设施是否齐全有效（包括灭火器、消防广播、温烟感探头、气体灭火系统等设施）	现场检查
	消防系统是否与新风、门禁等系统联动	现场检查
	机房内是否按规定设置疏散标志、机房管理范围内消防通道是否畅通	现场检查
	检查内容及要求	检查方法
	防火卷帘门、防火枕、防火门等防火隔离设施是否有效	现场检查
	机房是否配备防毒面具（每个房间至少配备两个）	现场检查
安防检查	应利用光、电等技术设置机房防盗报警系统	查看是否有红外入侵检测、玻璃破碎报警等系统
	机房防火门门禁装置是否工作正常	现场检查设备运行情况。电子门禁系统是否有验收文档或产品安全资质
	门禁系统是否使用 UPS 供电（是）	
	闭门器是否能正常工作	
	磁力锁能否正常工作	
动环监控系统检查	UPS 集中监控系统	在动环监控系统中在线查询设备参数和运行状态
	供配电集中监控系统	在动环监控系统中在线查询设备参数和运行状态
	机房专用空调集中监控系统	在动环监控系统中在线查询设备参数和运行状态
	漏水检测报警系统	在动环监控系统中在线查询设备参数和运行状态
	柴油发电机集中监控系统	在动环监控系统中在线查询设备参数和运行状态
	机房温湿度环境监控系统	在动环监控系统中在线查询设备参数和运行状态
电磁防护检查	电源线和通信线缆应隔离铺设，避免互相干扰	机柜内的强弱电线缆是否分开捆扎并分列在机柜两侧

2. 设备安全

设备安全主要包括计算机设备的防盗、防毁、防电磁泄漏发射、抗电磁干扰及电源保护等。本节详细介绍了维护机房设备安全的一些检测预防措施与实行步骤。以常见的企业级机房为例进行说明，个人用户不必如此麻烦，相应参考即可。

1）防止设备被盗或被毁坏

当计算机系统或设备被盗毁时，损失不仅是设备本身丢失或毁损，更多的损失是丢失了重要的程序和数据。因此，防盗防毁是计算机设备安全预防的一个重要内容。首先安装报警器，在机房旁边的空间放置侵入报警器，其中侵入报警的形式一般包含微波、红外线等不可见波；其次安装锁定装置，在计算机设备中，尤其是针对个人计算机，安装锁定装置非常重要，以防计算机被盗窃；再次设置计算机保险，这样在计算机系统受到威胁盗毁之后，能够获得一定的经济损失赔偿。但是，仍然不能弥补丢失的程序和数据，因此除了设置计算机保险外，还应设置一些其他的保险装置，并且可以列出设备或程序清单或绘出设备位置图，这样有助于快速发现丢失的设备，对于后期设备的追回也有一定的帮助。

2）防电磁干扰

计算机、各种电子设备、电视与雷达等无线设备、电子仪器设备等都有可能发出电磁干扰信号。计算机要在电磁干扰信号很多的环境中正常运行，其可靠性、稳定性和安全性将受到严峻的挑战。因此，有必要仔细研究和考虑计算机的防电磁干扰措施。一般情况下，对计算机进行防电磁干扰检查可以按照以下操作规则进行，如表 6.2 所列。

表 6.2　设备安全检查表

<table>
<tr><th>检查类别</th><th>检查内容及要求</th><th>检查方法</th></tr>
<tr><td rowspan="10">设备维护保养情况</td><td>是否有机房配套设备维护方案</td><td rowspan="5">现场检查是否具备有效的设备维护保养合同或维护规程</td></tr>
<tr><td>配电系统</td></tr>
<tr><td>空调系统</td></tr>
<tr><td>消防系统</td></tr>
<tr><td>安防系统</td></tr>
<tr><td>是否有配套设备的定期检查和维护保养记录</td><td rowspan="5">现场检查是否有相应的设备维护记录档案</td></tr>
<tr><td>配电系统</td></tr>
<tr><td>空调系统</td></tr>
<tr><td>消防系统</td></tr>
<tr><td>安防系统</td></tr>
<tr><td rowspan="2">送配电设备检查</td><td>发电机</td><td rowspan="2">现场检查是否具备有效的设备维护保养合同或维护规程</td></tr>
<tr><td>是否配备发电机</td></tr>
</table>

（续）

检查类别	检查内容及要求	检查方法
送配电设备检查	启动是否正常	
	配电系统	现场查看设备运行状况，使用专用仪器仪表测量，并查看相关维护及切换演练记录
	低压配电是否是双路供电，是否能够进行双路供电切换	
	低压配电设备的负载率是否在正常范围（不大于80%）	
	机房配电柜	现场查看设备运行状况，使用专用仪器仪表测量
	市电总输入柜、UPS输入输出柜、空调输入柜、机房列头柜的开关状态、电流，母排温度是否正常（小于60℃）	
	UPS总输出柜三相负载电流不均衡度小于20%	负载不均衡度依据三相负载电流的实际测量值进行计算
	电源输入配电柜防雷器件	现场查看设备运行状况
	UPS输入前端是否配置防雷器件	
	防雷器件是否正常有效	
	是否有规范的接地系统	使用仪表现场测量零地电压，查看是否有单独的机柜接地线
	零地电压（小于2V）	
	机柜接地	
UPS设备检查	UPS输入电压是否正常	现场查看设备运行状况
	（342～418V）	
	UPS输出电压是否正常	现场查看设备运行状况
	370～390V	
	整套UPS系统的带载率应小于80%	*N*+1系统中*N*台带载率不应大于80%，2*N*双总线系统中每个总线的带载率不应大于40%
	UPS是否定期做放电试验	查看维护记录
	是否对UPS电池进行定期检测	查看维护记录

6.2.2 防火墙

1. 防火墙

防火墙是一种位于内部网络与外部网络之间的网络安全系统。该网络安全系统是一个由软件和硬件设备组合而成、在内部网和外部网之间、专用网与公共网之间的界面上构造的保护屏障，是一种获取安全性方法的形象描述。它是一种计算机硬件和软件的结合，使互联网与企业内部网之间建立起一个安全网关（Security Gateway，SG），从而保护内部网免受非法用户的侵入。对于安装防火墙的计算机来说，该计算机流入流出的所有网络通信和数据包均要经过此防火墙。

2. 优化防火墙设置

在进行系统设置时，查看防火墙配置是很有必要的，看看是否可对其进行优化。本书将介绍几种优化防火墙的方法，确保能高效率地利用防火墙的安全性能，且提升计算机或服务器的性能，提高传输速度。

1）确保流向外部的数据符合策略

清除不好的数据，清理网络。不好的数据包括与策略不符的、未授权的或不受欢迎的数据。如果发生服务器直接用对外否认的 DNS、网络时间协议（Network Time Protocol，NTP）、SMTP、HTTP 和 HTTPSecure 请求等攻击防火墙时，要通知服务器管理员。管理员应重新配置服务器，使其不会发送不受欢迎的对外数据。

2）在路由而不是防火墙上过滤不想要的数据

将过滤不受欢迎数据的规则更改到边缘路由上，以平衡安全策略的性能和效用。首先，要将那些通往路由的顶端注入请求当作标准 ACL 过滤器。这样或许有些耗费时间，但却不失为阻止数据涌入路由的良方，因为这样有利于节约防火墙所占用的 CPU 和内存。如果你的网络与防火墙之间具备内部障碍路由，可考虑将普通对外流量转移到该障碍路由上。这样可以释放更多防火墙进程。

3）删除不需要使用的规则和对象

删除规则库中不需要使用的规则和对象。虽然清除一个难以控制的规则库好像有些困难，但还是有许多自动化工具可助你一臂之力。这些自动化工具可以降低防火墙策略管理的难度。

4）降低规则库的复杂度

降低规则库的复杂度，而且规则尽可能不要重复。再一次强调，有很多工具可极大减少清理和简化规则库的时间和障碍。

5）控制传送流量

如果防火墙界面直接连接到 LAN 部分，那么应该创建一条规则来控制无记录的传送流量。

6）将使用较频繁的规则列于规则库靠前位置

将使用较频繁的规则列于规则库靠前位置。注意，有些防火墙（如思科 Pix、ASA7.0 以上版本、FWSM4.0 和某些 Juniper 网络模式）不按规则顺序执行，因为它们使用优化法则来匹配数据包。

7）避免 DNS 对象

避免那些需要 DNS 查找的对象。

6.2.3 入侵检测系统

1. 入侵检测系统

入侵检测系统（Intrusion Detection System，IDS）有两种类型。

第一种类型通常安装在服务器上，或在某些情况下，网络中的所有计算机都安装此类检测系统，称为基于主机的入侵检测系统。主机的入侵检测系统能够持续地监察有意义的计算机处理器的行为、操作系统文件以及存储器等，如黑客企图通过发动缓冲区溢出攻击来获得计算机的控制权。因为基于主机的入侵检测系统不断地检测计算机的存储器，它能探测到利用多种缓冲区溢出保护机制来立即屏蔽这种攻击。除了阻止攻击外，基于主机的入侵检测系统能通过电子邮件、寻呼机或移动电话等方式向管理员报警。

第二种类型是基于网络的入侵检测系统，它能监视整个网络的通信，而不仅仅是监视服务器的行为。基于网络的入侵检测系统通常被设置在防火墙的后面。基于网络的入侵检测系统也能和其他的网络设备结合一起工作。例如，如果攻击被识别，基于网络的入侵检测系统会发出一条指令给防火墙，让它阻止来自这个主机的所有数据包进入网络。

入侵检测系统是新型网络安全技术，目的是提供实时的入侵检测及采取相应的防护手段，如记录证据用于跟踪和恢复、断开网络连接等。实时入侵检测能力之所以重要，首先能够对付来自内部网络的攻击；其次能够缩短黑客入侵的时间。

2. 基于主机的安全监控系统

基于主机的安全监控系统具备以下特点。

（1）可以精确地判断入侵事件。

（2）可以判断应用层的入侵事件。

（3）对入侵事件立即进行反映。

（4）针对不同操作系统特点工作。

（5）占用主机宝贵资源。

3. 基于网络的安全监控系统

基于网络的安全监控系统具备以下特点。

（1）能够监视经过本网段的任何活动。

（2）实时网络监视。

（3）监视粒度更细致。

（4）精确度较差。

（5）防入侵欺骗的能力较差。

（6）交换网络环境难以配置。

6.2.4 操作访问预防措施

操作访问预防措施主要采用一定的资源访问授权来达到阻止未授权者对网络资源的访问给网络造成的安全侵害行为，保护网络的资源不被盗用、信息不被未授权访问、系统运行不受干扰等，这类措施也是一种普遍使用的网络安全防范措施，通常采用的方法有用户登录管理、电子身份认证、安全终端等。另外，必须经常改变系统和被授权者的安全信息和规则，增加安全侵害行为成本的同时提高系统的安全性。

6.2.5 提前制定安全策略

1. 网络系统安全策略

要有效地保证网络系统的安全，必须制定相应的系统安全策略以支持网络系统的建立。所要建立的网络安全系统必须明确被保护资源和服务的类型、重要程度和防范对象等，然后根据安全策略来设计和建立安全系统。

安全策略是由一组条目构成的，对系统中所有与安全有关行为的活动做少许非自由性的规定。系统提供的各种安全服务，其规则大都来自安全策略。安全策略可分为 4 个等级。

（1）内部网络与外部网络不互联。因此，一切从外部访问内部网络的行为都被禁止，即使被授权的用户也是被禁止的，如涉及国家机密或军事机密网络的安全系统。

（2）仅仅许可授权用户访问网络系统，与之不相关的访问行为都不允许，如基金、信托、股票的安全系统。

（3）除那些被明确禁止的网络访问行为外，其他一切行为都被允许，如很多行业网络的安全系统，只要不对系统进行破坏的行为都是可以的。

（4）在建立安全系统时可以根据网络系统资源和服务的具体情况，用这 4 个等级的安全策略制定自己的安全策略，有可能是其中的一种，也有可能是其中的几种。但是，网络系统本身的变化，必须及时修改相应的安全策略。例如，在需要局域网互联更大安全性的系统中，用于构建安全系统的安全策略可用以下方式考虑。

① 对全系统安全性做统一规划，安全设备统一选型；

② 以子网作为安全系统的基本单元；

③ 子网内的安全策略采用统一管理；

④ 子网内采取访问控制措施；

⑤ 子网管理安全审计的追查以及及时报告安全警告；

⑥ 子网间传输采取加密措施；

⑦ 整个系统采用统一的密钥管理措施；

⑧ 采取抗病毒侵略措施；

⑨ 采取防电磁辐射措施。

2. 应用系统的安全策略

上面是网络系统本身安全所要考虑的几个方面，下面看一个重要的应用系统的安全策略，即电子商务的安全策略。电子商务安全策略除了具备入侵防御能力外，还应包括身份验证、隐私与欺骗控制、授权管理与审计、病毒预防与安全预警。主要有以下几个方面。

（1）技术控制解决，包括 VPN、访问控制、用户管理、签名、加密、恶意代码与病毒防护、入侵探测、防火墙、认证管理选件、策略兼容、验证、授权、预警和审计功能等。

（2）法律保障，“吨子”和“商务”都需要法律来保护。

（3）受到社会道德规范的制约。

（4）需要有一个有效、完善的安全管理策略和制度保证。

当然，安全问题的预防措施必定增加网络资源的开销，有必要就网络安全防范的严密程度与资源消耗量做一个权衡，绝不能因为安全问题而让系统无法运行或使运行效率大幅降低，也就是俗话说的为了安全而安全，不考虑网络的运行效率。另外，网络系统的安全问题很多是人为的，所以必须采用技术措施和非技术措施共同进行才能得到完善的系统安全措施，构建合理的安全防范系统，绝不能、也不可能将一切安全问题的预防由网络系统本身来承担，有时往往是一项管理制度就能解决一个复杂系统难以解决的安全问题。

6.2.6 漏洞和安全备份、系统恢复

首先要把网络安全建设放到重要的位置，从安全管理方法、安全设备、安全管理人员分配等都要有相应的计划。因为如果网站的管理者或者拥有者不在意安全问题，仅仅是把发生的安全隐患当作一个需要解决的问题，而不是从系统的角度来观察与分析，那么网络安全将面临重大的危机。

1. 修改数据库地址并做好数据库备份

修改数据库地址的同时要做好数据备份，使得数据库在被攻破后可以将受攻击的损失降到最低。

2. 同 IP 服务器站点绑定的选择

假设用户或管理员不使用独立的服务器，则选择服务器绑定也具有重要的意义。因为一些入侵者会利用旁注的方式入侵网站。例如，入侵者没有找到网站的内部漏洞，那么可能会利用和用户服务器绑定的一些其他的网站来进行攻击毁坏等行为。因此，建议用户或管理人员不要随便将服务器和一些安全系

数不是非常高的网站进行绑定，尽量避免此类事件的发生。

3. 用户名和密码长度设置

用户名和密码一定要经过慎重考虑再做决定，不能使用默认的用户名和密码，也尽量避免非常简单的用户名和密码的组合，如常见的 123456 等很容易破解的字符串，并且应注意设置用户名和密码时，尽量避免使用大量的个人信息，如姓名、出生年月等比较容易被人记住或掌握的信息，尽量将数字与字母进行组合，扩展用户名的长度，加大密码设计的复杂度，这样，用户名和密码才比较安全。

4. 进行安全检查

定期或不定期地进行渗透检测，及时检测系统的漏洞、安全和备份等安全状况。最好的方式莫过于请专业的第三方团队帮助进行系统的安全问题检测，这样有助于减小独立检测的不可靠性，增强检测结果的可信度，精确检测结果的同时可以更好地对发现的问题进行系统处理。当然，请第三方检测团队时也要注意避免泄露过多的个人信息，随时保持警惕。

任何网络都不可能保证不受到安全事件的侵害，就目前而言，最大的侵害或者说攻击，主要是针对网络的运行状态和系统的数据信息，其后果是数据与文件被删除、修改、盗用等行为。被盗用的信息很难被追回，即便是要追回也超出了网络系统安全措施的范围。因此，只能在网络系统中建立有效的数据和文件的安全备份恢复系统，如果文件和数据被删除或修改，可以利用备份好的内容进行系统恢复，提高数据和系统恢复的效率。

6.2.7 病毒防范

1. 病毒防范途径

病毒一直是最普遍且常见的网络安全威胁之一，几乎每个网民都遇到过或大或小的病毒侵害，且由于现阶段网络信息传播得更及时、更高效、范围更广泛，病毒的传播也因此变得更严重，可以将病毒的途径分为以下几种。

（1）通过电子邮件、信息文件等内容为载体进行传播。

（2）通过软盘、光盘、磁带传播。

（3）通过 Web 浏览传播，主要是恶意的 Java 控件网站。

（4）通过群件系统传播。

2. 病毒防护的主要技术

（1）阻止病毒的传播。在网络的各个关键节点安装处理病毒的软件，包含防火墙、代理服务器等各个关键部位。在桌面 PC 安装病毒监控软件，如常见的金山毒霸等。

（2）检查和清除病毒。使用防病毒软件检查和清除病毒。

（3）病毒数据库的升级。积极、及时地更新病毒数据库的数据，及时掌握病毒数据情况，及时升级病毒数据库。

（4）安装软件。在防火墙、代理服务器及 PC 上的一些可靠性不是很高的控制扫描软件，对其进行设置，严格禁止未经许可的控件进行下载和安装。

6.3 处理网络安全故障

网络信息安全存在着多样繁复的安全问题，常见的安全威胁有由网络系统本身的脆弱性引起的安全问题、管理员或用户操作错误引起的安全问题、人为的恶意攻击问题、网络病毒、垃圾信息和邮件等。

6.3.1 处理断网问题

在有时间或休息时，很多用户都会选择在家上网，但是如果网络突然断了，将非常影响用户体验。网络用户应依据下述流程应对断网这一安全问题。

1. 检查线路连接

如果突然出现断网的情况，首先要进行物理层面的检查，如物理链路连接的问题、网线是否松动、路由器线路是否稳固等网线线路问题。如果检查过后，确认网线等连接都没有任何问题，此时可以咨询网络线路的管理人员，一般是运营商，咨询一下是否总线出现了问题，如果总线存在问题，要及时给相应的处理人员或维修人员打电话联系，等待专业人员进行处理。

2. 网络受限

如果检查结果显示任务栏上的“本地连接”图标有一黄色的叹号。查看状态为：“受限制或无连接”，单击“修复”按钮却无法修复，显示无法获取 IP 地址，但 ADSL 又可以登录，可以访问网站。原因是：ADSL 虚拟拨号上网基于 PPPoE，也就是在你的机器和 ADSL 局端之间建立了一条用于拨号的虚电路，因此本地连接受限制或无连接，不影响这条虚电路的正常使用（当然，虚电路运行于实电路之上，你的网卡、ADSL Modem 以及局端的 ADSL 接入设备必须先建立起物理连接，才能让这条虚电路正常工作，只不过物理连接中的本地连接在软件系统上不必分配相应的 IP 地址）。一般两台计算机组成小的局域网时，这种现象基本不可能出现。

解决此类问题的方法是打开“控制面板”→“网络连接”，找到当前的本地连接并右击，选“属性”命令，在“常规”选项卡中双击“TCP/IP”，选择“使用下面的 IP 地址”，一般在“IP 地址”文本框中输入“192.168.0.1”，在“子网掩码”文本框中输入“255.255.255.0”，其他保持默认，然后单击“确定”按钮即可解决该问题。如果没有解决问题，应注意 IP 一定要保证和

ADSL Modem 的 IP 地址处于同一网段。如果当前计算机加入工作组或域，就要根据情况设置。

3. 第三方软件修复

如果计算机中有网络安全软件，还可以直接用这些软件进行检测。

6.3.2 应对个人信息泄露

网络环境下的信息安全体系是保证信息安全的关键，包括计算机安全操作系统、各种安全协议、安全机制（数字签名、消息认证、数据加密等），直至安全系统，网络准入控制系统、数据泄露防护系统等，只要存在安全漏洞便会威胁全局安全。

计算机网络信息安全经常受到威胁，有必要采取措施保护计算机网络的信息安全，下面将对基本信息安全防护方法进行介绍。

1. 隐藏 IP 地址

隐藏 IP 地址的优势简单概括为两点：一是在上网时防止被入侵、攻击；二是加快打开网页的速度。当然，大多数人隐藏 IP 的最主要目的是加强系统的安全性，免受攻击。如果攻击者知道了你的 IP 地址，等于为他的攻击准备好了目标，他可以向这个 IP 发动各种进攻。具体的操作步骤如下。

（1）本地安全策略。先打开 IP 安全策略，方法是在控制面板里打开创建 IP 安全策略。

（2）右击刚刚添加的“IP 安全策略，在本地机器”，选择“创建 IP 安全策略”，单击“下一步”按钮，输入一个策略描述。单击“下一步”按钮，选中“激活默认响应规则”复选框，单击“下一步”按钮。开始设置身份验证方式，选中按钮“此字符串用来保护密钥交换”选项，然后任意输入一些字符（下面还会用到这些字符）。单击“下一步”按钮，就会提示已完成 IP 安全策略，选中“编辑属性”复选框，单击“完成”按钮，会打开其属性对话框。

（3）配置安全策略。单击“添加”按钮，并在打开安全规则向导中单击“下一步”按钮进行隧道终结设置，在这里选择“此规则不指定隧道”。单击“下一步”按钮，并选择“所有网络连接”以保证所有的计算机都 Ping 不通。单击“下一步”按钮，设置身份验证方式，与上面一样选择“此字符串用来保护密钥交换（预共享密钥）”选项，并输入与刚才相同的内容。单击“下一步”按钮，在打开窗口中单击“添加”按钮，打开“IP 筛选器列表”窗口。单击“添加”按钮，单击“下一步”按钮，设置源地址为“我的 IP 地址”，单击“下一步”按钮，设置目标地址为“任何 IP 地址”，单击“下一步”按钮，选择协议为 ICMP，现在就可依次单击“完成”和“关闭”按钮返回。此时，可以在 IP 筛选器列表中看到刚刚创建的筛选器，将其选中之后单击“下一步”按钮，选择筛选器操作为“要求安全设置”选项，然后依次单击“完成”按钮、“关闭”按钮，保存相关的设置返回管理控制台。

（4）最后只需在“控制台根节点”中右击配置好的“禁止 Ping”策略，选择“指派”命令使配置生效。经过上面的设置，当其他计算机再 Ping 该计算机时，就不再相通了。但如果自己 Ping 本地计算机，仍可相通。此法对于 Windows 2000/XP 均有效。在网上邻居上隐藏你的计算机。

2．关闭不必要的端口

端口（Port）包括逻辑端口和物理端口。物理端口，顾名思义，就是网络设备真实存在，看得见的端口，如家里路由器的端口、笔记本的 USB 接口、鼠标接口等；本书所说的端口是逻辑端口，端口号范围为 0～65535。设备端口号对应的服务，先了解一下常用端口对应的服务，开放端口有很多，下面只列举部分端口对应的服务。

打开命令提示符，开始→附件→命令提示符，或者直接按 Win+R 组合键，弹出运行窗口，输入 CMD 命令并按回车键。在命令提示符下输入常用命令 netstat-a-n，则以数字形式显示 TCP 和 UDP 连接的端口号及状态。不同参数对应显示的内容不同，每个参数之间的空格，如不需要某些服务，应及时关闭相应的端口，避免这些端口受到攻击。

3．更换管理员账户

Administrator 账户拥有最高的系统权限，该账户若是被人盗取或者利用，将造成严重的后果。黑客在入侵时最常用的方法就是获得 Administrator 账户的密码，所以有必要重新对 Administrator 账号进行配置。首先设置一个复杂的不易被破解的 Administrator 账户密码，接着重新命名 Administrator 账户，最后创建一个没有管理员权限的 Administrator 账户欺骗入侵者。经过这几步的处理，利用 Administrator 账户进行入侵就将有很多阻碍。

4．杜绝 Guest 账户的入侵

Guest 账户就是来宾账户，该账户在访问计算机时权限受到一些限制。即使如此，Guest 账户的存在也使入侵者有了可乘之机。完全禁用或彻底删除 Guest 账户是效率最高的方法，但在一些特殊情况下，必须使用该账户。此时就需要执行以下两个步骤来加强对 Guest 账户入侵的防御工作。第一步给 Guest 设一个复杂不易辨别的密码，然后详细设置 Guest 账户对物理路径的访问权限。

5．封死黑客的“后门”

（1）删掉不必要的协议。对于服务器和主机来说，一般只安装 TCP/IP 协议就够了。右击“网络邻居”，选择“属性”命令，再用鼠标右击“本地连接”，选择“属性”命令，卸载不必要的协议。其中 NetBIOS 是很多安全缺陷的源泉，对于不需要提供文件和打印共享的主机，可以将绑定在 TCP/IP 协议的 NetBIOS 关闭，避免针对 NetBIOS 的攻击。

（2）关闭“文件和打印共享”。文件和打印共享是一个非常有用的功能，但它也是引发黑客入侵的安全漏洞。所以在没有必要“文件和打印共享”的情况下，可以将其关闭。即便确实需要共享，也应该为共享资源设置访问密码。

（3）禁止建立空连接。在默认情况下，任何用户都可以通过空连接连上服务器，枚举账号并猜测密码。因此必须禁止建立空连接。

（4）关闭不必要的服务。服务开得多可以给管理带来方便，但也会给黑客留下可乘之机，因此对于一些确实用不到的服务，最好关掉。例如，在不需要远程管理计算机时，都会将有关远程网络登录的服务关掉。去掉不必要的服务之后，不仅能保证系统的安全，同时还可以提高系统运行速度。

6. 做好 IE 的安全设置

ActiveX 控件和 Java Applets 有较强的功能，但也存在被人利用的隐患，网页中的恶意代码往往就是利用这些控件编写的小程序，只要打开网页就会被运行。所以，要避免恶意网页的攻击只有禁止这些恶意代码的运行。IE 对此提供了多种选择，具体设置步骤：“工具”→“Internet 选项”→“安全”→“自定义级别”。另外，在 IE 的安全性设定中只能设定互联网、本地企业互联网、受信任的站点、受限制的站点。

7. 安装必要的安全软件

计算机中安装并使用必要的防黑软件，杀毒软件和防火墙都是必备的。在上网时打开它们，即使有黑客进攻安全也是有保障的。

8. 防范木马程序

木马程序会窃取所植入计算机中的有用信息，因此也要防止被黑客植入木马程序，常用的办法有以下几种。

（1）在下载文件时先放到自己新建的文件夹里，再用杀毒软件来检测，起到提前预防的作用。

（2）在“开始”→“程序”→“启动”或“开始”→“程序”→“Startup”选项里看是否有不明的运行项目，如果有，则删除。

（3）将注册表里 KEY_LOCAL_MACHINE\SOFTWARE\MICROSOFT\CurrentVersion\Run 下的所有以“Run”为前缀的可疑程序全部删除。

9. 防范间谍软件

如果想彻底把间谍软件拒之门外，需按照图 6.2 所示的几个步骤来做。

10. 及时给系统打补丁

当系统程序中有漏洞时，就会造成极大的安全隐患。为了纠正这些漏洞，软件厂商会发布补丁程序。应及时安装漏洞补丁程序，有效解决漏洞程序所带来的安全问题。给系统打补丁的流程如图 6.3 所示。

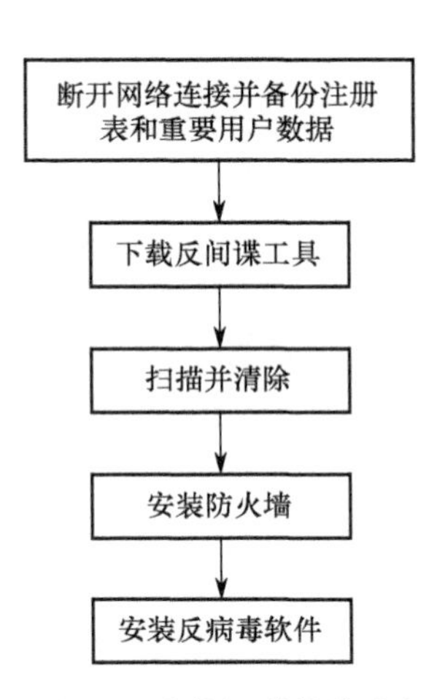

图 6.2　防范间谍软件流程

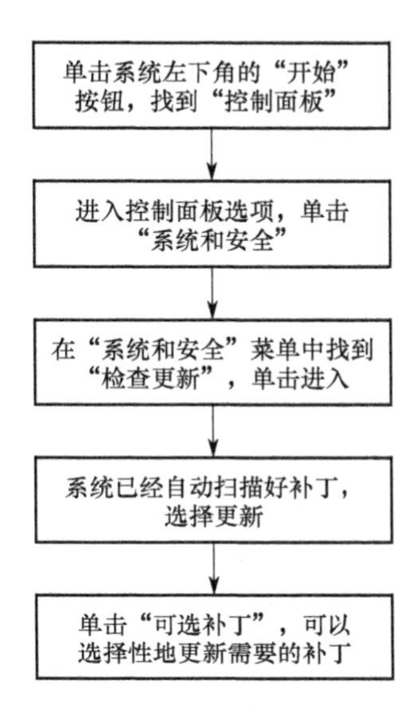

图 6.3　系统打补丁流程框图

11. 网络安全防护体系

随着攻击手段的不断演变，传统的依靠防火墙、加密和身份验证等手段已经满足不了要求，监测和响应环节在现代网络安全体系中的地位越来越重要，正在逐步成为构建网络安全体系中的重要部分，不仅是单纯的网络运行过程的防护，还包括对网络的安全评估以及使用安全防护技术后的服务体系。

尽管现在用于网络安全的产品有很多，如防火墙、杀毒软件、入侵检测系统，但是仍然有很多黑客非法入侵。根本原因是网络自身的安全隐患无法根除，这就为黑客入侵提供了机会。虽然如此，安全防护仍然必须是慎之又慎，尽最大可能降低黑客入侵的可能，从而保护网络信息安全。

6.3.3 处理黑客攻击

目前，互联网上的网站总是处在被无时无刻地监视和被攻击状态，当发现服务器被入侵时，应立即关闭所有网站服务，暂停至少 3h。下载服务器日志（如果没被删除），并且对服务器进行全盘杀毒扫描。如果网站打开速度明显比之前的慢，排除自身网络的原因后，就有可能是网站中毒了，可以从以下几点进行。

1. robots 屏蔽

使用 robots 屏蔽所有搜索，禁止搜索继续抓取；或停止网站内容更新，只释放网站首页，并且所有访问均报 503 状态。当然这对于高权重的网站不太适用，只适合于新网站或企业类网站。

2. 清理木马和黑客程序

查看源代码，发现网站代码最页头或最页尾被嵌入了如<script>或者<iframe>这样的字符，说明被挂上了木马。通过FTP查看文件的修改时间：一般来说，黑客要修改网站文件，那么该文件的修改时间就会跟改变，如果某些文件的修改时间明显比其他文件要晚，而我们自己并没有改动过，那么说明这个文件已经被黑客修改过了，可能已经中毒或挂上了木马，查看源文件就可知晓。不过很多时候，黑客的木马程序植入到图片中，这是一个非常大的处理量，在处理前将网站服务器中所有的文件实行最高权限的限制，不允许文件被复制和修改。利用查杀木马软件进行查杀，不过对于高权重网站如在第一时间无法及时处理黑客木马的情况下，建议直接使用备用服务器。

3. 网站被挂木马的原理

一般来说，是由于网站本身采用的程序是来自网络免费程序，其中的代码和漏洞都为一些黑客所熟知，攻击起来易如反掌，尤其是一些asp程序。所以，网站建设尽量少用网络上的免费程序搭建；黑客在找到漏洞之后就会上传黑客木马到网站中，这个木马具有删除整个网站、修改所有代码的功能，但大部分黑客会在源网站的代码中加入他们的一些木马和病毒文件，然后使访问的人中毒成为他们的肉鸡，或者达到一些不为人知的目的。

4. 提交劫持地址

谷歌和百度都有提交的地址，大家将网站被劫持的地址提交给他们，告知他们网站被攻击和域名被劫持，这样可保留住网站的收录和排名。另外，可能很多站长在搜索自己网站开始时出现危险的警告，这时无需管他，只要处理完木马并提交后，这个警告就会自动去除。

6.3.4 病毒处理

1. 异常情况判断

计算机工作时，如出现下列异常现象，则有可能感染了病毒。

（1）出现异常图形或画面，这些画面可能是一些鬼怪，也可能是一些下落的雨点、字符、树叶等，并且系统很难退出或恢复。

（2）扬声器发出与正常操作无关的声音，如演奏乐曲或是随意组合的、杂乱的声音。

（3）磁盘可用空间减少，出现大量坏簇，且坏簇数目不断增多，直到无法继续工作。

（4）硬盘不能引导系统。

（5）磁盘上的文件或程序丢失。

（6）磁盘读／写文件明显变慢，访问时间加长。

（7）系统引导变慢或出现问题，有的出现写保护提示。

（8）系统经常死机或出现异常的重启动现象，使原来运行的程序突然不能运行，总是出现出错提示。

（9）连接的打印机不能正常启动。

观察上述异常情况后，可初步判断系统的哪部分资源受到了病毒侵袭，为进一步诊断和清除做好准备。

2. 检测病毒

（1）检查磁盘主引导扇区。

（2）检查 FAT 表。

（3）检查中断向量。

（4）检查可执行文件。

（5）检查内存空间。

（6）检查特征串。

3. 发现病毒的操作

（1）立刻关机重启计算机。

（2）不停地按 F8 键。

（3）进入安全模式。

（4）开启杀毒软件，进行全盘查杀。

（5）使用专杀工具，进行全盘查杀后，不管任何病毒都会被删除，不用隔离。

（6）重启计算机，进入系统，看是否正常。

（7）如果不行，索性保存 C 盘，重装其系统。重装后，不要打开硬盘，全盘杀毒，以免感染。

6.4 网络安全检测、评估和优化

6.4.1 安全检测与补救

1. 安全检测

没有绝对安全的预防措施，因此必须定期或基于安全事件为系统进行安全检测，以应对发生的安全侵害事件和行为。

安全侵害事件和行为的目的在于破坏系统运行、访问、篡改未被授权的信息文件、盗用网络资源等，因此一旦发生安全事件，必须要从多个方面对系统进行检测，以评估系统受损程度和范围，以便采取相应的补救措施。

（1）必须检测运行系统，以确认安全侵害事件和行为状态，如果事件和行为正处于活动状态，必须给出相应的报告，为下一步的行动提供支持。

（2）检查文件系统。因为如果系统遭到侵害，很有可能一些系统文件或信息被修改了，因此不单是在安全事件发生后，而且应该定期对文件系统进行检查，以清除隐藏于文件系统中的安全隐患。

（3）对系统资源及配置的检查，以确保资源的配置处于安全状态，以阻止网络系统资源的盗用行为，通常可以通过日志来进行检测和追踪这类安全事件和行为。

2. 补救措施

任何网络系统不被侵害是不可能的，因此一旦发生安全事件，首先采取一切办法终止正处于活动状态的安全事件和行为，即使是关掉整个网络系统也该利用系统具有的文件和数据安全备份和恢复机制，恢复整个系统的各种受害文件和数据，尽可能恢复到事件发生前的水平和状态；改变原有的安全信息、规则、授权访问状态等，以阻断持续的侵害行为。

在追查安全隐患和确认网络资源处于可控状态之后，试运行采取补救措施后的系统，并置于安全监测系统状态之下，直到系统完全恢复。

6.4.2 安全评估

安全评估就是利用大量安全行业经验和漏洞扫描的最先进技术，从内部和外部两个角度对一个组织的信息系统进行全面评估。本节主要通过论述怎样进行安全评估，使广大网管、网络安全技术人员及用户了解怎样找出网络信息系统的漏洞，并进行加固。

安全评估利用大量安全性行业经验和漏洞扫描的最先进技术，从内部和外部两个角度对企业信息系统进行全面的评估。由于各种平台、应用、连接与变更的速度和有限的资源组合在一起，因此采取所有必要措施保护组织的资产比以往任何时候都困难。环境越复杂，就越需要这种措施和控制来保证组织业务流程的连续性。

1. 目标

在项目评估阶段，为了充分了解企业专用网络信息系统的当前安全状况（安全隐患），需要对网络系统进行安全状况分析。例如，某次评估时，经系统安全小组和企业信息中心的双方确认，对以下被选定的项目进行评估。

（1）管理制度的评估。

（2）物理安全的评估。

（3）计算机系统安全评估。

（4）网络与通信安全评估。

（5）日志与统计安全评估。

（6）安全保障措施评估。

（7）总体评估。

然后对其中的安全弱点进行分析，并写出报告，作为提高该企业网络系统整体安全性的重要参考依据。

2. 内容

网络与通信的安全性在很大程度上决定着整个网络系统的安全性，因此网络与通信安全的评估是整个网络系统安全性评估的关键。可从以下几个方面对网络与通信安全性进行详细测试。

1）系统安全性

平台安全泛指操作系统和通用基础服务安全，主要用于防范黑客攻击，目前市场上大多数安全产品均限于解决平台安全，而以通用信息安全评估准则为依据，确定平台安全实施过程包括以下内容：分别对 Proxy Server、Web Server、Printer Server 等服务器，进行扫描检测，并作详细记录。

2）数据的安全性

数据的安全性包括：SCSI 热插拔硬盘有无安全锁；数据的存储有无冗余备份机制；数据的访问工作组方式是否需验证；有无备份措施，硬盘损坏能否恢复。对数据的安全性问题进行评估，可以参考表 6.3 所列内容进行操作。

表 6.3　安全风险评估表

编号	项目		安全风险			详细说明
			高	中	低	
1	操作系统漏洞	UNIX 系统				
		Windows 系统				
		网络协议				
2	数据安全	介质与载体安全保护				
		数据访问控制				
		数据完整性				
		数据可用性				
		数据监控和审计				
		数据存储与备份安全				
		用户意见				记录用户意见，并让用户签名

3）进行安全配置

经过上述步骤，可以对计算机或服务器进行基本的安全配置，包含基本配置管理、文件系统配置、账号管理配置、网络管理配置、系统日志配置、安全工具配置、病毒和木马保护、IIS 系统安全配置和其他服务安全配置。具体的安全配置内容如表 6.4 所列。

表 6.4　安全配置表

Hot-fixes	hot-fixes 公告栏
基本配置管理	对系统中易造成安全隐患的默认配置重新设置，如系统引导时间设置为 0、从登录对话框中删除开机按钮等
文件系统配置	对涉及的文件系统的安全漏洞进行修补或是修改配置，如采用 NTFS、文件名禁止 8.3 文件名格式等
账号管理配置	对涉及用户账号的安全隐患通过配置或修补消除，如设置口令长度、检查用户账号、组成员关系和特权等
网络管理配置	通过对易造成安全隐患的系统网络配置进行安全基本配置，如锁定管理员的网络连接、检查网络共享情况或去除 TCP/IP 中的 NetBIOS 绑定等
系统日志配置	配置相应的系统日志，检查相应的安全事件，如审核成功/失败的登录/注销等
安全工具配置	利用某些安全工具加强系统的安全性，如运行 syskey、为 sam 数据库提供其他额外的安全措施等
病毒和木马保护	利用查杀病毒软件清除主机系统病毒，同时利用各种手段发现并清除系统的木马程序
IIS 系统安全配置	用系统提供的 IIS 服务进行安全配置，提高整个主机系统的安全性，如设置恰当的授权方式、禁用或删除不需要的 COM 组件
其他服务安全配置	针对系统需要提供的其他服务进行安全配置，如 DMS-mail 等

4）网络与通信安全

网络与通信的安全性在很大程度上决定着整个网络系统的安全性，因此网络与通信安全的评估是整个网络系统安全性评估的关键。可以从以下几个方面对网络与通信安全性进行详细测试。

（1）扫描测试。从 PC 上用任意扫描工具（如 SuperScan）对目标主机进行扫描，目标主机应根据用户定义的参数采取相应动作。

（2）攻击测试。

① Buffer Overflow 攻击。从 PC 上用 Buffer Overflow 攻击程序（如 snmpxdmid）对目标主机进行攻击，目标主机应采取相应动作，即永久切断该 PC 到它的网络连接。

② DoS 攻击。从 PC 上用 DoS 攻击程序对目标主机进行攻击，目标主机应采取相应动作临时切断该 PC 到它的网络连接。

③ 病毒处理。在 Windows PC 上安装 Code Red 病毒程序，对目标主机进行攻击，目标主机应采取相应动作，自动为该 PC 清除病毒。

（3）后门检测。在目标主机上安装后门程序，当攻击者从 PC 上利用该后门进入主机时，目标主机应能自动报警，并永久切断该 PC 到它的网络连接。

（4）rootkit 检测。在目标主机上安装后门程序，并自动隐藏，目标主机应能自动报警，并启动文件检查程序，发现被攻击者替换的系统软件。

（5）漏洞检测。在目标主机检测到 rootkit 后，漏洞检测自动启动，应能发现攻击者留下的后门程序，并将其端口堵塞。用户应能随时启动漏洞检测，发现系统的当前漏洞，并将其端口堵塞。

（6）陷阱。系统提供一些 WWW CGI 陷阱，当攻击者进入陷阱时，系统应能报警。

（7）密集攻击测试。使用密集攻击工具对目标主机进行每分钟上百次不同类型的攻击。通过管理制度的评估、物理安全的评估、计算机系统安全评估、网络与通信安全评估、日志与统计安全评估、安全保障措施评估，为以上各个方面建立安全策略，形成安全制度，并通过培训和促进措施，保障各项管理制度落到实处。说明管理安全实施的执行标准，如 ISO 13335 和 ISO 17799 等。

然后根据总体评估的结果，写出评估分析报告。如经过对管理制度的评估、物理安全的评估、计算机系统安全评估、网络与通信安全的评估、日志与统计安全的评估、安全保障措施的评估等 6 个方面的评估，可以得出结论，该企业的网络信息系统的安全存在严重漏洞。下面进行详细说明，并提出相应的修改意见。

5）评估步骤

对公司网络系统的安全评估，一般分为以下 5 个步骤进行。

（1）进行实体的安全性评估。

（2）对网络与通信的安全性进行评估。

（3）对实际应用系统的安全性进行评估。

（4）由评估小组的工程师亲自对评估结果进行分析汇总，并对部分项目进行手动检测，消除漏报情况。

（5）根据评估结果，得出此次评估的评估报告。

6.4.3 网络安全的提升与优化

1. 网络部署和安全传输

下一代网络（Next Generation Network，NGN）定义了各种边缘，并保证通过这些边缘选入核心网络的数据都是安全的，以此达到 NGN 核心网络安全的目的。NGN 核心网络的边缘分为三类：一是 NGN 网络与接入网的交界处，NGN 网络通过这个边缘向所辖范围内的用户提供业务；二是 NGN 网络之间的交界处；三是 NGN 网络与传统公共交换电话网络（Public Switched Telephone Network，PSTN）的交界处。NGN 与传统 PSTN 网的边界通常由信令网关、中继网关、综合接入网关以及对这些媒体网关的控制组成。普遍认为它是一个可以信赖的边界。但对于边缘一和边缘二，由于其完全基于开放的

IP 数据技术，所以不值得完全信任，对其用户的接入和业务访问，必须加以控制和管理。一旦允许用户接入，就应为其提供服务质量保证。所以，可以设置一个边缘接入控制器，提供防火墙和其他业务的保护功能，包括：验证接入设备的合法性，避免非法用户的接入；屏蔽网络内部的拓扑结构；网络地址转换（NAT）和业务穿透网络资源的分配和确认；防范来自底层剥离层的拒绝服务攻击等。

安全数据传输包括：NGN 网络设备与终端之间传输协议的安全、 用户之间媒体信息传输的安全、用户私有信息的安全等。

要保证这些信息不被非法用户窃取和修改，可以要求所有的用户控制信息都要经过边缘接入控制器，这样可以保证所有的 NGN 通信都会经过 NGN 网络中的设备。另外，还可以通过采用一些安全机制，让开放的 IP 网络具有类似时分复用的安全性。其中一种方式就是虚拟通道。目前比较成熟也比较通用的技术是采用多协议标记转换技术构建相对独立的 VPN 网络。这种方法可以在 NGN 的核心网络使用，将整个 IP 网络分成几个不同的隔离空间，如公共网络、用户网络、业务网络等，使得非多协议标记转换 VPN 内的用户无法访问到 NGN 网络中的设备，从而保证 NGN 网络的安全。

2. 身份认证技术

认证技术主要解决网络通信过程中通信双方的身份认可，数字签名作为身份认证技术中的一种具体技术，同时数字签名还可用于通信过程中的不可抵赖要求的实现。

认证技术将应用到企业网络中的以下方面：

（1）路由器认证，路由器和交换机之间的认证；

（2）操作系统认证，操作系统对用户的认证；

（3）网管系统对网管设备之间的认证；

（4）VPN 网关设备之间的认证；

（5）拨号访问服务器与客户间的认证；

（6）应用服务器（如 Web Server）与客户的认证；

（7）电子邮件通信双方的认证。

3. 数字签名技术

（1）基于公钥基础设施（Public Key Infrastructure，PKI）认证体系的认证过程。

（2）基于 PKI 的电子邮件及交易（通过 Web 进行的交易）的不可抵赖记录。

4. 认证过程

通常涉及加密和密钥交换。加密可使用对称加密、不对称加密及两种加密方法的混合。

1）User Name/Password 认证

该种认证方式是最常用的一种认证方式，用于操作系统登录、telnet、rlogin 等，但由于此种认证方式过程不加密，即 password 容易被监听和解密。

2）使用摘要算法的认证

Radius（拨号认证协议）、路由协议（OSPF）、SNMP Security Protocol 等均使用共享的 Security Key，加上摘要算法（MD5）进行认证，由于摘要算法是一个不可逆的过程，因此，在认证过程中，由摘要信息不能计算出共享的安全密钥，敏感信息不在网络上传输。市场上主要采用的摘要算法有 MD5 和 SHA-1。

3）基于 PKI 的认证

使用公开密钥体系进行认证和加密。该种方法安全程度较高，综合采用了摘要算法、不对称加密、对称加密、数字签名等技术，很好地将安全性和高效率结合起来。这种认证方法应用在电子邮件、应用服务器访问、客户认证、防火墙验证等领域，安全程度很高，但是涉及比较繁重的证书管理任务。

第7章　网络系统管理规划

随着计算机及网络技术的快速发展，网络已经渗透到人类生活的方方面面，人们的生活也随着网络的发展发生了巨大的改变。如果网络无法正常运行，将对生活造成严重的影响。因此，网络系统的管理是非常重要的，它是保持网络良好稳定运行的关键。其中常见的网络系统管理包含的问题有定期检查网络系统的状态、修复网络系统的问题、解决可能出现的网络隐患、及时发现网络中出现的安全问题和故障、判断故障出现的位置和最大限度地快速解决故障。随着网络规模的不断扩大，网络复杂性也在增加，网络系统管理成为网络建设至关重要的问题。

随着网络规模的不断扩大、网络用户的不断增多，网络管理的重要性不言而喻。本章将从网络管理的价值、需要管理的网络资源、网络管理的安全问题和网络中一些资源配置等方面进行网络系统管理的深入规划。

7.1　网络管理的价值

系统管理，顾名思义，就是对系统的正常运行、工作、日常事务进行统一的管理。以网络系统来说，管理一个完善的网络系统是一项宏大的工程，需要花费巨大的人力、物力和财力。如果市场上每多一种新型网络，就必须重新组建一个系统管理模型，那样不仅花销巨大而且做了很多无用功，白白浪费了宝贵的人力和网络资源。因此，如何将这些网络资源进行合理调配、如何解决网络的安全问题、如何将资源最大化利用，这些问题是本节所要探讨的主要内容，也是网络管理存在的价值和意义。

1. 网络管理资源的价值

网络中充斥着形形色色的资源，如前几章讲过的逻辑资源、传输资源、存储资源等。每种资源有着自己特定的工作环境，用于解决特定的问题。但是对于整个网络来说，并不是让这些资源各自为战，而是需要将这些资源整合起来，形成一个完整的网络系统。每种资源既能做自己的本职工作，又可以为其他资源启用提供基础。

（1）这些资源是具有巨大价值的，通过网络管理这些资源是十分必要的。这些资源的价值直接彰显了网络管理的价值。网络管理需要将这些有价值的资源分配到各自的岗位上，完成自己的本职工作，让有价值的资源物尽其用。当资源配置出现问题时，网络管理需要及时、迅速地重新进行资源重组和配置，使网络能够安全、高效地运行，为网络使用者提供更好的服务。

（2）形形色色的资源形成了现在庞大的网络，这些资源是网络能如此蓬勃发展和壮大的基础。没有了这些物理资源、逻辑资源和传输资源，网络便无从谈起。因此，了解这些资源、明白这些资源的用处和如何合理地分配资源是将这些资源发挥最大价值的关键。

2. 网络管理安全的价值

正如第 6 章所讲的网络在运行过程中可能遇到的一些网络安全问题，每种系统都会遇到安全问题，网络管理系统也不例外。对于一个系统来说，安全问题是最重要的关注点。比如银行网络系统，其网络系统的安全是它们的命脉，系统必须保障每个用户账号的安全性、机密性，使用户可以放心地把钱放进账户中。既然网络安全对于人们来说具有不可言说的价值，那么网络管理中的安全问题也需要引起足够的重视。网络管理系统掌管着整个系统的正常运行和服务提供，所以保障网络管理系统的安全就非常必要。针对一些经常遇到的网络管理问题，管理者们应当提前预防可能遇到的问题，并事先准备合理的解决方案。

目前，网络中充斥着大量或好或坏的程序和软件，一般人无法分辨网络中这些资源的好坏，使得不法分子倚靠某些非法勾当来谋取网络暴利，通过窃取、损害和篡改网络数据，不但使机密的数据流失，而且还会给受害人造成无法估量的损失。如果是大型公司或者企业的网络管理系统和管理数据遭到入侵，轻则造成公司网络系统的瘫痪，重则造成相关的行业正常业务停滞。因此，网络管理系统安全问题的预防和解决值得关注考虑。

3. 网络资源合理配置的价值

在了解网络需要管理的资源和探讨网络管理可能出现的问题后，关于资源如何分配便成为需要考虑的问题。资源是有价值的，但如何合理地使用资源，发挥出其最大的价值，是网络资源配置所需要关心的问题。有价值的资源如果各自为战，那么便无法发挥这些资源的最大价值。因此，合理配置、规划资源同样具有巨大的价值。在相同的应用场景下，相同资源的不同分配方案也会造成巨大的差异，不同的资源如果搭配合理也可以实现相似的功能。

现实中有许多未能将资源合理配置的例子。例如，小米手机曾经发布了一个“WiFi 密码自助共享”功能。这一功能一经出现，便在社会上引发了强烈的讨论。以商场商家为代表的一部分人对这种“共享蹭网”行为表示坚决反对。虽然小米手机“WiFi 密码共享功能”本身对网络并没有坏处，但是这种功能却扩大了 WiFi 的安全隐患风险，共享的增加使得 WiFi 网络更容易进入，一些黑客便可以轻松地进入该共享网络，相当于众多用户的身份信息、隐私数据毫无保留地对黑客和不法分子“共享”。这使得数据更容易遭到窃取，造成难以估量的损失。另一种观点表示通过这种 WiFi 共享功能可以给人们带来的巨大的便捷，更好地满足人们对网络日益高涨的需求，免去了重复输入密码的繁琐、节约了宝贵的时间，更方便人们办公。WiFi 共享的风险并不在于 WiFi 密码共享本身，而在于使用 WiFi 密码共享的人，如果黑客想入侵某网络，即使没有 WiFi 的共享功能仍然可能利用其他方式实现网络的入侵。

两种观点各执一词，看似都有道理，但是深入分析这两种观点时，应该考虑问题的两面性。首先应该承认在当今社会中网络仍然是一种稀缺的资源，大部分人到了商场等场所首先还是想寻找 WiFi 之类的免费网络资源。WiFi 作为资源，一方面能够给人们的生活、工作、学习带来非常大的便利，另一方面 WiFi 提供的网络带宽是固定的，当网络用户在一定范围时，每个用户都能享受到 WiFi 带来的便利；但是随着网络用户数量的增加，超过带宽的承受范围后，用户之间便开始竞争网络资源，每个用户分享到的流量越来越少。这种无节制的 WiFi 共享，必然会产生网络拥堵，此时每个网络用户只能分配到极小的网络资源，甚至造成网络瘫痪。这些都是 WiFi 密码共享所要考虑的严重后果。

网络资源具有有限性和竞争性。因此必须最大化地提升网络资源的利用价值，将有限的网络资源供给最需要的用户使用。这需要保持网络的排他性，不能让网络资源为所有人任意地使用，将有限的网络资源配置给那些最有能力为使用网络资源而“付价”的人。如果目前推广的某种技术可以让很多人免费使用宝贵的网络资源，那么最终的结果肯定会与这项技术的初衷相悖，最终会导致两败俱伤的局面。因此没有商家再耗时耗力建设无效益的网络，用户也无法享受到便捷的网络服务。

因此，将网络资源进行合理配置，把每种资源都放置到合适的位置上，多种资源相互配合是非常有价值的。

7.2 网络管理资源分析

网络管理主要是对网络资源和服务进行管理，以保障用户的服务体验为目标，从信息资源组织、信息平台协调、用户权限管理和安全防范策略等方面进行全方位集成化协调管理。它管理着包括网络应用、网络服务、网络信息、安全和用户等众多的网络资源。妥善地处理大数据时代下巨量的网络信息，对有效利用网络资源和推动网络发展大有裨益。

网络管理首先关注的是对众多网络资源的管理，将大量的资源按照规定的方式整合起来，以便更好地开发并最大化利用。本节将介绍现阶段网络中需要管理的资源，并阐述每种资源的管理方式。

7.2.1 需要管理的网络资源

1. 资源的分类

本节所指的网络资源不仅限于前面几章所提到的路由器、交换机、接入服务器、服务器、主机等物理资源，还包括简单网络管理协议（Simple Network Management Protocol，SNMP）的管理信息库 MIB 中定义的各种逻辑资源，以及 MIB 库中未定义的其他逻辑资源。此外，网络资源还包括与网络运行相关的维护人员信息、合同信息、网络配置信息、网络技术文档以及网络维护人员的经验信息（网络运行知识库）等。

2. 资源的属性

网络资源基本属性包括资源的依赖性、存在性、使用性和动态性。

1）依赖性

资源依赖性，指网络中某操作系统中各种软硬件资源之间的相互关系。它是网络资源管理研究的重要内容。对依赖性分析的研究涉及资源依赖性库和资源目录库的建立、资源依赖性的表示、资源依赖性的特征刻画方法和资源依赖性的获取技术等。对依赖性分析有助于准确实现故障管理，提高网络管理系统的性能管理。

2）存在性

资源的存在性就是确认网络中某个资源是否存在，以及网络中该资源的状态、所处位置、与其他资源的关系等相关信息。资源的存在性主要体现在资源数据库是否已经建立了现实网络中各种物理和逻辑资源与资源映像一一对应的关系。网络管理系统搭建时首先要对资源进行清点、核查、录入，这些就是为了了解资源的存在性。

3）使用性

资源的使用性是指资源是否与其他层的业务有关系，是否被上一层所占用没有释放。比如：经常见到的计算机某个端口被占用，电路传输系统中光纤是否正在传输资源，计算机之间虚拟通路中是否有资源正在传输。因此，资源并不是独立存在的，资源需要和其他资源建立关联，可以通过复杂的关联性来更好地描述资源的使用性。

4）动态性

动态性主要体现在两方面：一是资源数据库更新数据的及时性；二是数据库更改数据的准确性。为了使网络中各种资源的状态和变化及时反射到数据库中资源映像上，需要建立合理的管理模式和流程控制链。对简单的网络而言，一般采取自底向上的建设策略；对于比较复杂的网络，一般选取分期的建设策略。在网络建设初期，通过流程控制链实现对资源的指派、预占和传输，并对资源数据库进行及时更新。

3. 资源管理的功能

资源管理主要功能如下。

（1）提供资源视图；

（2）手工采集网络资源信息，在界面上显示，并将其手动存入资源库；

（3）配置设备资源信息；

（4）完成资源的一致性检查；

（5）提供网络资源的添加、删除、修改功能；

（6）提供网络资源的查询功能；

（7）定期更新数据库。

7.2.2 管理网络资源

针对 7.2.1 节提到的网络中的三类不同的资源信息，采用不同的方法进行管理。对于第一类，采用 SNMP 中定义的有关服务来管理；对于第二类，采用 Expect 技术通过 Telnet 和截取终端信息来进行网络资源的管理；对于第三类，则通过默认赋值和修改数据库来实现管理。

资源信息的自动获取相当于从网络设备中“读”信息，相应地，在网络资源管理中也存在大量的“写”需求。根据资源管理手段对网络资源进行分类处理，第一类是通过 SNMP 中已经定义的方法进行资源设置；第二类是通过 Expect 技术自动登录到相应的网络设备，然后写入相关信息；第三类只需要在数据库中修改管理性资源。相应地，对这三类网络资源采用不同的设置方法，其基本技术与前面所述大致相同。

1. 第一类资源管理方式

针对第一类网络管理标准在 MIB 中定义的资源信息，可以通过 SNMP 中已经定义的方法进行资源设置。

SNMP 的目的是保证网络资源能在任意两个节点中传送，以便网络管理员可以在网络上的任何节点检索到资源信息并进行修改、寻找到故障所在、完成故障诊断、及时解决故障和进行容量规划，适合小型、快速、低价格的环境使用。SNMP 支持无连接的传输层协议 UDP，因此在市场上广受欢迎。

以前管理资源时，一般需要大量复杂的命令集，而随着 SNMP 的出现，逐渐地由 Get-Set 命令方式替代了原先的方式。用户可以按照预定的规则通过标准管理信息库定义属于自己的 MIB。用户根据个人所需定义 MIB，需要实现什么功能可以随时添加。这种方式既可以满足每个用户独立的需求，又可以大大降低整个网管系统的建设和运行成本。

2. 第二类资源管理方式

第二类资源管理方式在 MIB 中未定义，但对网络设备运行非常重要的资源时，可以通过 Expect 技术自动登录到网络设备写入信息。

Expect 是一种基于 TCL，能与交互式程序进行“可程序化”会话的脚本语言，是一种可以提供“分支和嵌套结构”来引导程序流程的解释型脚本语言。Expect 由一系列 Expect-send 对组成，Expect 等待输出特定的字符，然后发送特定的响应。安装 Expect 时使用：sudo apt-get install Expect 命令。Expect 相关软件包版本有多个，如 Expectk、Expect-dev 等，用户可根据自身需求选择安装相应的版本。

Expect 新的开发版本中包含 autoexpect 工具，可以帮助用户很快地生成 script。用户可在系统→系统管理→软件包管理器中查看该工具的相关信息，Expect 通过 autoexpect 流程化地管理第二类资源。

（1）在 Expect 终端输入“autoexpect”，并按回车，启动并开始录制，默认会在当前的工作目录下生成名为 script.exp 的脚本。

（2）输入命令 autoexpect + 用户名+ @用户网络 IP 地址，如 autoexpect ssh user@127.5.176.86，即可启动程序。

（3）启动时指定脚本的名字：

```
autoexpect -f jiaobenname.exp
```

在终端输入“exit”后按回车，即可退出录制。

3. 第三类资源管理方式

针对第三类网络管理所需的辅助信息，只要在资源数据库中修改管理性资源信息。资源数据库是 NRMS 系统的基础。资源数据库通过既定的符号体系和关系表达式，在现实计算机数据库中建立与物理和逻辑资源一一对应的数字映像数据。通过网管软件操作生成映像数据库中的资源映像数据，可以实现资源的查询、调度、修改、整体方案设计、数据分析、决策制定等。如果虚拟映像与现实资源的映射准确率足够高，那么基于虚拟网络做出的调度决策方案在现实网络中就是可执行的，通过虚拟资源生成的决策方案对实际资源进行操作管理。

NRMS 吸取了集中式结构和分布式结构设计的优点，实现了“集中管理、分布控制”的思想。四层结构即系统管理层、网络管理层、网元管理层和网络设备层。

系统管理层向上通过多个应用系统管理代理 SMA 管理网络应用系统（如电子商务系统）所涉及的网络资源，每个 SMA 负责管理一个应用系统，向下通过资源代理管理网络服务器，进而管理相应资源。系统管理层还需要完成网络资源依赖性的管理功能。

网络服务器层设计了前台执行接口接收来自用户界面的策略，设计了总控服务器处理与网元服务器的交互。另外，还设计了资源库的管理模块。

7.3 网络管理安全分析与解决

7.3.1 威胁网络管理中安全的因素

随着网络的快速发展，网络安全的管理变得更加重要。网络安全不但和人们的生活息息相关，还对社会的稳定和经济的快速发展产生了巨大的影响。因此，网络安全管理就是对网络安全进行管理、调控、监督。从根本上说，网络的安全隐患都是由于网络系统本身存在的安全弱点造成的，在使用、管理过程中的失误和疏漏更加剧了问题的严重性。其中，网络管理者的本身素质、能力问题、管理措施的缺失、不完善、管理技术方面的问题，以及一些不法分子、黑客对网络的不断攻击都是网络安全管理所面临的难题，也是以后需解决的问题。

威胁网络安全的主要因素有以下几个。

1. 管理因素

（1）管理人员素质。管理人员素质的良莠不齐是造成网络管理中安全问题的最大因素，一些素质不高的网络管理人员的不正当操作会给不法分子带来许多可乘之机。因此，在管理人员的考核上一定要做到认真、细致，考察要做到位，最大程度减少因为管理员素质问题所造成的网络管理安全问题。

（2）管理措施不完善。一些公司和用户认为安装杀毒软件、布置好防火墙便成功保证了网络的安全，这种想法是非常错误的。在一些黑客和不法分子眼中，这些简单的杀毒软件、防火墙完全起不到网络保护的作用，轻轻松松便可攻破，给公司的财产造成巨大的损失。

（3）用户安全意识淡薄也是造成网络管理安全问题的一大因素，如设置密码简单、随意登录未安全认证的网站等。

2. 技术因素

技术因素主要包括软件、安全管理技术、病毒的查杀等方面。

（1）软件本身的漏洞。软件本身的漏洞是不可避免的，因此设计人员应该最大程度地减少软件设计的漏洞，设计时要考虑各种情况，模拟可能发生的问题，集中解决未来可能出现的安全隐患，使软件尽可能没有安全漏洞。

（2）入侵检测等技术不完善。2015 年，一名黑客利用一款类似微波的软件 Twitter 中一些类似照片的数据成功侵入了美国国防部系统，进入了美国政府的内部网络，并攻陷了国防部多台计算机。网络安全级别如此之高的美国国防部的网络系统都无法避免黑客入侵，那么入侵众多安全技术低下甚至根本没有任何网络安全防护措施的网络系统就更加轻而易举了。未来的研究重点应该是与加密解密、入侵检测等技术相关的产品。

（3）病毒层出不穷。2017 年，名为“WannaCry”的勒索病毒在短短一天多的时间内，迅速攻陷全球近百个国家的近 10 万家组织机构，导致许多重要机构的网络陷入瘫痪。这款病毒并没有单单针对某个国家或者某个用户，该病毒配置了多达 28 种语言，用来勒索全球不同国家地区的受害者。病毒一经出现，便会在短时间内对全世界的网络造成巨大的冲击以及不可估量的损失，而且病毒的传播之快远远超出想象，即使在很短的时间内能够找到杀毒方法，消灭病毒，其损失也难以估计。严重的是有许多传播力巨大的病毒并不能很快找到杀毒方法，就像此次的永恒之蓝病毒，在极短的时间内借助黑客以及一些不法分子的推波助澜，迅速在全球扩散，造成多地网络瘫痪，受灾严重。

（4）黑客程序在网络上的肆意传播等。病毒如果没有传播途径是不会快速传播造成网络大面积瘫痪的。但是黑客程序会将他们的木马、病毒程序通过网络快速遍布全网。在用户不知情的情况下将程序植入用户的计算机，攻击服务器，造成网络的大面积瘫痪。

3. 人为因素

（1）人为的无意失误。如操作员在网络配置中出现未发觉的纰漏、未按照规定操作、网络操作指令输入有误。这些人为失误会对网络的安全带来威胁。

（2）人为的恶意攻击。一是某些不法分子有目的性、有选择性地破坏网络中资源和信息；二是在不影响网络正常工作的情况下，截获、窃取获得重要的网络信息。这两种人为的恶意攻击均会造成严重的后果。

（3）软件的漏洞和“后门”。软件不可能做到完全无缺陷和无漏洞，这些漏洞和缺陷常常是黑客攻击的首选目标。

7.3.2 安全问题解决方案

网络安全管理是整个安全防范体系的核心。安全管理主要是对网络安全技术和网络安全策略的管理。用户的安全意识是网络系统是否安全的决定性因素，除了在网络中心部署技术先进和功能强大的安全工具外，还要从安全制度、网络应用和技术上加强网络的安全管理。

（1）建立严格的网络安全制度。制订网络建设方案、机房管理制度、各类人员职责分工、安全保密规定、口令管理制度、网络安全指南、用户上网使用手册、系统操作规程、应急响应方案、安全防护记录等一系列的制度保证网络的核心部门能够高安全、高可靠地运作。从内到外，层层落实，动态管理，适应新的网络需求，如网络拓扑结构、网络应用以及网络安全技术的不断发展，调整网络的安全管理策略。

（2）加强网络技术的培训。网络安全是一门综合性技术，网络管理人员必须不断地学习新的网络知识，掌握新的网络产品的功能，了解网络病毒、密码攻击、分组窃听、地址欺骗、拒绝服务、端口攻击等多样化的攻击手段。

（3）加强用户的安全意识。网络安全最大的威胁是网络用户对网络安全知识的缺失与匮乏，提高网络用户的安全素养，加强用户的安全防范意识，引导用户自觉地学习网络安全知识，能够掌握基础的查毒杀毒操作，自觉地安装防病毒软件，经常更新操作系统，学习更先进的网络安全管理知识，对陌生软件先了解清楚再决定是否安装或者尽量少安装陌生软件，防止网络中毒。

在网络安全管理中，任何一个小小的漏洞，都会导致全网的安全事故。网络安全管理并不能仅仅依靠一些安全的网络硬件设备来解决，必须在网络平台建设过程的每一步都将安全融入在其中，多层次地考虑网络安全问题。不能只抓一个点或者几个点不放，要从整体看待问题，统筹全局，建立一个完善、合理的安全管理规划。计算机网络安全需要遵循整体安全性原则，根据规定的整体安全规划制定出合理的网络安全体系结构，这样才能真正做到整个系统的安全。要提高网络安全性就必须有严格的网络管理。随着网络的发展，网络安全与管理是息息相关、牢不可分的。在确保安全的前提下，网络才能做到有利于社会的发展，造福于用户，加快社会信息化的步伐。

7.4　网络资源配置方案

网管系统的整体规划对整个网络的正常运行和网络安全是非常重要的，就好像是建造一幢大楼的初期规划和图纸设计。在进行整体规划时，需要考虑到方方面面的问题，如网络配置需要用到什么资源、相似的资源如何取舍、资源如何合理分配、服务器的配置、硬件设备的选取、软件的设计都是在网络资源配置时需要考虑的问题。本节将从网络设备的配置、服务器的配置、管理软件的选取和网络体系进行整体规划，形成一套系统的网络资源配置方案，为需要进行网络资源配置的用户提供指导建议。

7.4.1　网络设备配置规划

现阶段，几乎每个高校、每个大中型的企业都会建立自己的门户网站，而且这种网站都具有一定的规模。很难想象如果这种大型网站，没有一套成熟、实用的网络管理模式和网络管理系统，要怎样使网络长期安全、高效地正常运行。本节将以一所高等院校的网络管理系统为例，具体分析和探讨网络设备配置规划的基本模型和基本方法。具体包括 IP 地址规划、网络 SNMP 配置规划、网管服务器规划、网管软件规划、远程管理系统规划、网管数据库服务器规划等。

网管系统主要是基于 SNMP 协议来管理网络，所以需要为网络设备配置 SNMP。主要配置三项：配置该设备的 SNMP 只读字符串，如 ybuTempR；配置该设备的 SNMP 读写字符串；设置哪些 IP 地址可以管理该设备。为安全起见，必须将所有设备都配置为只允许在网络管理网段（20.1.0.×子网）中的服务器才能够通过 SNMP、Telnet 协议管理该设备。

1. IP 地址规划

规划的 IP 地址有以下几类：电信出口网段 218.×.×.×；网通出口网段 221.×.×.×；教育网出口网段 210.×.×.×；网络设备网段 192.168.×.×，网络设备的管理地址和路由地址等；服务器网段 20.1.1.×，为了保证网管系统长期正常运行，将所有主干服务器全部放在这个网段；网络管理网段 20.1.0.×，为了保证网管系统长期正常运行，必须通过对交换机等设备的配置确保只有位于该网段中的设备才能通过 SNMP、Telnet 协议管理全网设备；用户网段 20.2..×～20.255.×.×。

2. SNMP 配置规划

网管系统主要是基于 SNMP 协议管理网络的，所以需要为管理的网络设备配置 SNMP。主要需要配置三项：配置该设备的 SNMP 只读字符串，如 ybuTempR；配置该设备的 SNMP 读写字符串，如 ybuTempW；设置哪些 IP 地址可以管理该设备，为安全起见，必须将所有设备都配置为只允许在网络管理网段（20.1.0.×子网）的服务器能够通过 SNMP、Telnet 协议管理该设备。

7.4.2 网络管理服务器规划

1. 主网管服务器规划

主网管服务器用于安装主要的网络管理系统。配置为 IBMX 346、CPU 2×3.2GB/2MB、内存 4GB、双通道 Server RAID 7kRADI5 阵列卡、6 个硬盘 SCSI 320 146GB。该服务器配置了 6 个 1000MB 电口网卡（IBM×346 服务器自带两个 1000MB 电口，配置了一块 Intel PWLA 8494MTPCI-X 1000MB 四电口服务器网卡）。另外，还有一个独立于服务器中安装的操作系统的 RSA Ⅱ 远程控制网卡。

2. 备份网管服务器规划

备份网管服务器用于主网管服务器的备份，当主网管服务器失效时临时接管网管系统，作为备份的网络管理服务器。配置为 IBMX 2000、2CPU P3 733、内存 2GB、硬盘 SCSI 32GB。该服务器配置了 4 块网卡，分别用于连接电信出口网段、网通出口网段、教育网出口网段、连接网管网段。

3. 数据库服务器规划

数据库服务器其实就是装有一台数据库的服务器，应用于互联网或企业内联网。一个数据库服务器是指运行在局域网中的一台或多台服务器计算机上的数据库管理系统软件。数据库服务器为客户应用提供服务，包括查询、更新、事务管理、索引、高速缓存、查询优化、安全及多用户存取控制等服务。数据库软件有很多种，大型的数据库软件有 Oracle、DB2、Sybase 等，中型的有 SQL Server，还有通常用于个人网站的 MySQL 等小型数据库软件。对于学校来说，网管数据库使用 MySQL Server 2010 中文版+Service Pack 4，用一台 IBM X 365 兼作主干数据库服务器，配置为 4CPU 4.2GB/4MB、内存 16GB、硬盘 RAID 5SCSI 320 200GB、RSA Ⅱ。该服务器配置了 5 块网卡，分别用于：连接电信出口网段、连接网通出口网段、连接教育网出口网段、连接和服务器网段（网管服务器通过该网卡访问数据库）、独立的 RSA II 远程控制网卡。

4. 备份数据库服务器规划

备份数据库服务器用于主数据库服务器的备份。当主数据库服务器失效时，可以临时为网管系统提供及时的数据库服务。另一台 IBM X 365 兼作备份数据库服务器，配置为 2CPU 2.2GB/2MB、内存 4GB、硬盘 RAID 5SCSI 320 200GB、RSA Ⅱ。相比于主数据库服务器，备份的数据库服务器在 CPU、内存等方面都低于主数据库服务器。这是因为备份的数据库只是临时使用，低配置仍然能满足需求。

7.4.3 网络管理软件规划

1. 主干网管系统规划

主干网管系统包括：OrionNetPerfMon，用于将网络的各种历史数据保存到数据库中，这是网管系统的核心数据库；OrionNetPerfMon 是，SolarWinds.Net 公司开发的系列网管系统中的核心组成部分；SolarWindsToolset，SolarWindsEngineer's Edition 是一套包括许多工具的网管软件，主要用于网络发现、错误监控、性能管理等。新版本可以同 OrionNetPerfMon 7.7 及以上版本相集成；SNMPc，是由 CastleRockCompu-ting 公司开发的 AT-SNMPc 网管软件，它是一个结构完整、功能强大的优秀网管平台。这里主要用它来发现网络拓扑图，实时监测网络拓扑变化，保留网络拓扑及其通信情况的历史数据。

2. 专用网管系统规划

可以根据需要部署其他的网管软件，例如，WhosOn 主要用于监测 Web 服务的运行情况；WebTrends、Sawmill 主要用于监测 Web 服务的访问日志；

MRTG 用于辅助流量监测；WildPacketsOmniPeek、SnifferPortable 用于抓取网络数据包。可以将网管服务器的备用网卡接到某个交换机的镜像端口上，进行实时抓包分析。当然，也可以部署在一台单独的服务器上，还可以使用 VMware 部署在一台虚拟机服务器上；WhatsUpProfessional 是 Ipswitch 专为中小企业准备的下一代网络管理方案，主要用于监测网络服务的运行情况。它在 WhatsUpGold 的基础上进行了扩展，将可升级性、可扩展性和可用性提升到一个新的层面。该产品为用户提供了简单的外部使用经验，可以快速获得投资回报。

3. 网络设备管理软件规划

可以部署各种网络设备的管理软件。例如，CiscoView 主要用于管理 Cisco 网络设备；QuidView 主要用于管理华为网络设备；防火墙网管软件 FortiGate 5001WebConfig；网络安全设备网管软件。

4. 远程管理系统规划

1）交换机等网络设备的远程管理系统规划

交换机等网络设备的远程管理系统主要包括：在网络建设规划时，首先将专用的网络管理网段 20.1.0.×划分出来。在网络建设时，为了保证网管系统安全、稳定、长期、正常地运行，通过对交换机等设备的配置，确保只有位于该网段中的设备才能够通过 SNMP 和 Telnet 协议管理全网络中的设备。如果交换机的远程管理统一使用 Telnet 协议，那么只能在网络管理网段使用；如果交换机的文件传输使用 TFTP，只有在网络管理网段才能使用。

2）网络服务器的远程管理系统规划

通过对网络服务器的远程管理，可以实现在任何时间、任何地点监测和管理整个网络。网络服务器的远程管理系统主要分为网络服务器硬件的、软件的和物理连接的远程管理系统。

（1）基于网络服务器硬件的远程管理系统。对于 IBM 服务器使用其 RSA II（Remote Supervisor A-dapter II），这样即使在网络服务器操作系统死锁的情况下，也能通过网络实现远程重启。当然，必须要在服务器中安装 IBM 专用的 RSA II硬件，适配器才能实现这一功能。IBM 服务器使用 RSA II 硬件，远程控制功能强大，作者在几年的使用过程中基本没有遇到问题。

（2）基于软件的远程管理系统。对于远程管理软件，选择使用 Radmin 远程管理软件。Radmin 管理软件的优点在于其运行速度很快、安全性好、支持 TCP/IP、支持路由重定向等，在现实生活中应用最为广泛。现在主要使用 RemoteAdministrator 来管理全公司的服务器。这样便可以使用统一的平台来查看和管理全网的所有服务器和硬件网络设备。

（3）基于物理连接的远程管理系统。如果想使用物理连接的远程管理系统进行远程管理，可以拟使用 KVM 多计算机切换器。KVM 交换机通过直接连接键盘、视频和鼠标 （KVM）等物理设备的端口，让用户可以远程访问和控制计算机。KVM 技术无需目标服务器修改软件。这就意味着可以在 Windows 的 BIOS 环境下，随时访问目标计算机。KVM 提供真正的主板级别访问，并支持多平台服务器和串行设备。如果用户不得不管理分布于不同地点的多个服务器机房，IP-Based KVM 切换器提供的远程访问功能将帮助你简化服务器机房的管理。用户只需将 IP-Based KVM 切换器安装在各服务器机房，就可轻松地管理所有服务器。

3）网管软件系统的远程管理规划

该系统使用的许多网管软件都可以实现远程访问和远程管理。包括：主干网管软件中 OrionNetPerfMon 和 SolarWindsTool-set，都可以远程访问和管理；SNMPc，可以通过下载软件对 SNMPc 服务器进行远程访问和管理；专用网管系统中 WhosOn、Web-strends、MRTG，都可以通过浏览器进行远程访问和管理。

7.4.4 网络体系规划

随着互联网的不断发展，Open Flow 协议标准和规约不断更新，流表的设计从最初的简单匹配演化为元数据越来越高的复杂匹配，相应地，流表结构也从单表向流水线串联成的多级流表结构变化，包括为了性能扩展实现的组表结构，使 Open Flow 交换机的设计变得更加复杂。

本节主要讲解互联网模式下的基于 Open Flow 集中式管理体系结构的规划和配置，针对传统网络架构的应用进行了相应的 Open Flow 环境下的改造和移植，如图 7.1 所示。其中，Open Flow 协议解决了互联网中如何由控制层把 Open Flow 交换机所需的用于和数据流作匹配的表项下发给转发层设备的问题。OF-Config 协议则用来对 Open Flow 交换机进行远程配置和管理。

1. 管理层的设计与规划

1）应用组件模块设计规划

应用管理层通过控制层提供的组合管理服务，根据实际的业务需求，形成一系列综合业务，应用组件内主要模块如图 7.2 所示。

（1）策略管理。通过服务控制层对底层拓扑和流量的获取，基于具体业务分析并制订全局综合方案，然后通过控制代理对网络进行统一部署，达到对底层设备统一配置和网络策略统一配置的机制。

（2）设备性能管理。通过对数据平面进行链路状态监测、设备连通性测试等方式对底层网络资源的测试进行分析，向上层汇报网络的工作状态。

（3）用户信息管理。对网络系统的用户进行角色划分，不同的角色拥有对应的权限行为，系统级用户可对网管系统进行各项操作处理，普通用户只具有使用权限，以增强网络的安全性。

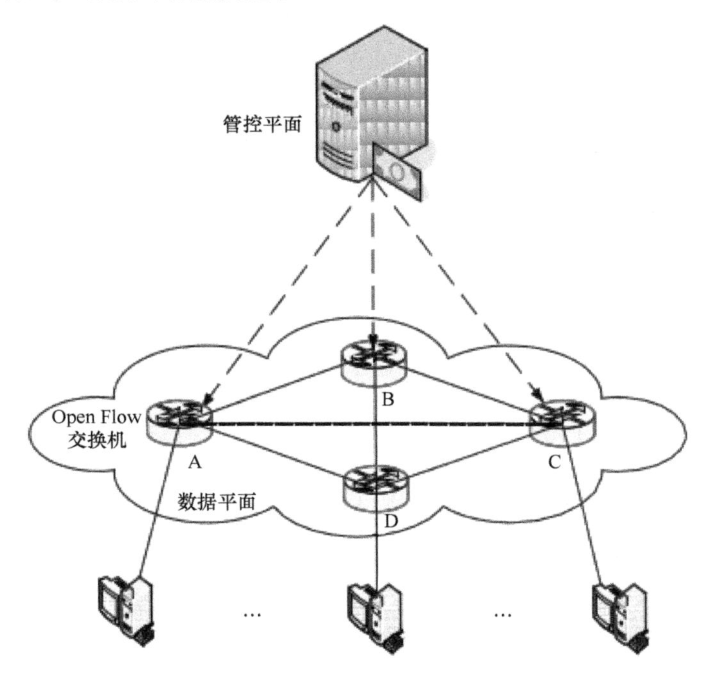

图 7.1　基于 Open Flow 的集中式管理体系结构

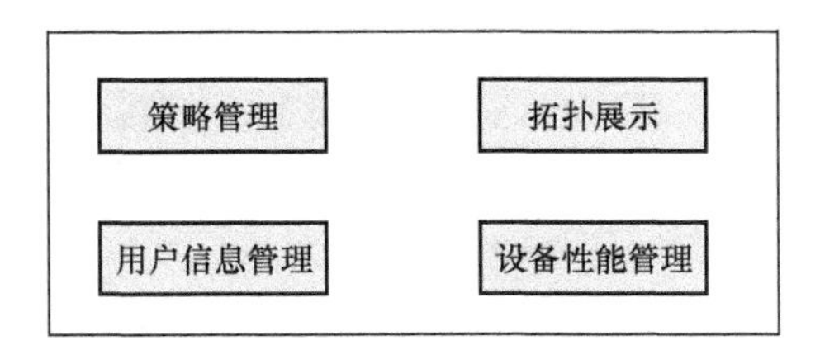

图 7.2　应用组件内主要模块框图

（4）拓扑展示。通过采用层次化的形式展示网络整体结构，为用户对网络资源的整体把握提供了便捷的工具。层次化的方式使应用管理层的显示更加简洁明了。

2）网络策略自动部署的设计规划

以组件化的形式开发系统的好处在于增加模块的二次重用，而不用设计一个功能完善的聚核，根据需求设计自定义功能模块，在减小开发难度的同时实现了应用的灵活调用。本书主要针对应用管理层设计并实现了网络策略的自动部署。

网络策略自动部署结构包含如拓扑管理、策略决策、策略分解、策略派发、控制代理、策略验证等功能模块，模块间尽量遵循高内聚、低耦合的思想，在增加模块重用的同时开发新的功能，减少模块间通信对其他模块造成的影响。网络策略自动部署结构如图 7.3 所示。

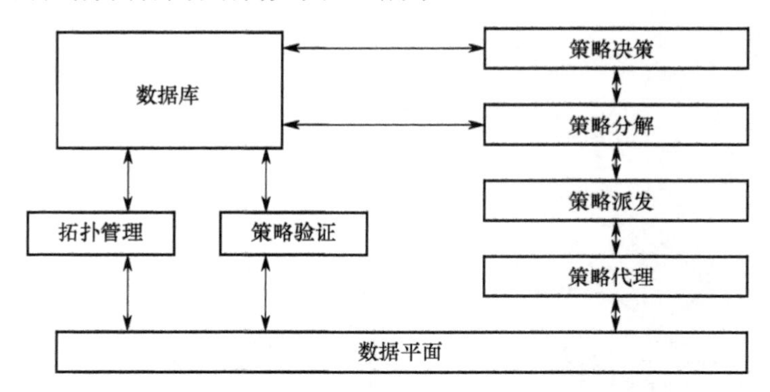

图 7.3　网络策略自动部署结构框图

策略决策模块通过访问数据库实现对数据平面网络资源的获取，根据业务需求和当前网络运行状况，对网络进行统一规划，站在全局的高度制定配置策略，包括转发策略、设备访问控制策略等。实现上，通过在服务控制器上以软件的形式自动计算与生成策略，然后逐级向下派送，必要时可以配置 ACL 表。

策略分解模块接收策略决策模块传输的具体配置要求，将针对全网的配置管理要求分解为一条条配置命令序列，并通告策略派发模块。

策略派发模块类似于缓冲栈，它将自策略分解模块下发的配置命令序列进行整理排队，并发往相应的控制代理模块，控制代理模块将接收到的配置命令序列远程发给数据平面相应 Open Flow 软交换机。

策略验证模块通过对网络状态的监视，首先将各个区域的策略执行结果进行汇总，验证当前实际策略是否与预先规划的策略保持一致；然后将验证的结果存入数据库，供策略决策模块调用。

管理系统具有一定的自适应性，控制器能够对数据平面返回的报文作出相应处理。在实现上，OF-Config（Open Flow 配置和管理协议）是一种 Open Flow 网络环境下解决管理配置问题的有效方式，也是目前的主流协议。本书通过 OF-Config 协议提供的开放接口配置和管控数据平面的 Open Flow 交换机，实现业务自定义需求。Open Flow 交换机上所有参与数据转发的软件和硬件都可以被看作网络资源，而 OF-Config 的作用就是对这些网络资源进行配置管理。

针对数据平面的交换机管理协议提出了具体要求，OF-Config 协议明确提出了将 NETCONF 协议作为 OF-Config 的传输协议。NETCONF 协议通过在其本身协议架构上定义一个操作集，满足 OF-Config 提出的管理协议要求。

NETCONF 协议使用了层次结构，借鉴了模块开发低耦合高内聚的原理，每个层次只需要关注协议某方面的内容，然后向上层提供服务。合理规划各层的内聚性，可以尽量降低层内实现对层间的影响。NETCONF 协议架构共分为 Content 层、Operation、RPC 层以及 Transport Protocol 层，如图 7.4 所示。

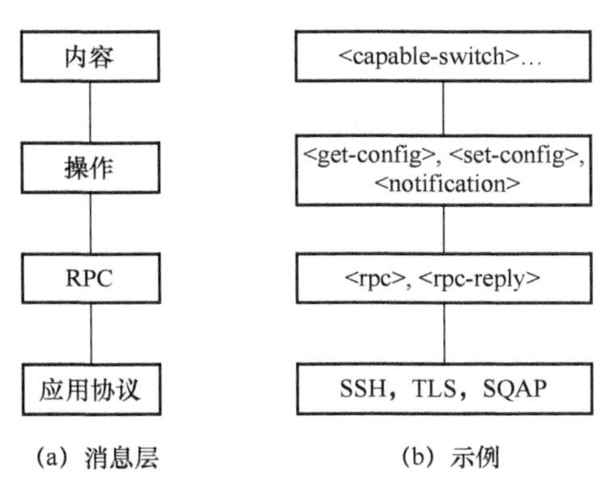

图 7.4 NETCONF 协议框架

Content 层是数据结构中被管对象的集合，MIB 因为不支持复杂数据结构以及对于配置有着严格的权限要求。例如，不允许新建和删除表项等原因，导致内容层一直没有标准化。

Operation 层包含了在远程过程调用中应用到的基本操作集，这也成为 NETCONF 协议最主体的部分。与 SNMP 相比，NETCONF 定义了 9 种基本操作，包括取值操作、配置操作、锁操作和会话操作几部分。

RPC 层作为远程过程调用为协议的请求与响应（Conent 层和 Operation 层的内容）提供了一个与传输协议无关的机制。通过<rpc>和<rpc-reply>对数据进行封装和传输。

应用协议层主要用来为管理实体和被管设备建立连接，它可以是任意一个满足 NETCONF 协议需求的应用层协议，当前主要用 SSH、BEEP 和 SSL 作为应用层协议，并且在传输层协议上，NETCONF 要求在管理实体和被管设备间建立一条可靠连接。

NETCONF 协议采用了 XML 描述其数据结构。所以，需要配置的数据和相关协议信息都是采用了能够对逻辑关联对象进行复杂、模块化描述的 XMLSchema。由于 XML Schema 克服了 DTD（文档对象模型）不能对 XML 实例深层次语义限制的缺陷，所以本书采用它描述网管系统的管理信息，通过属性来描述实例文档中对网络设备的语义信息。

XML Schema 描述系统数据模型时，通过对象树描述系统对象的层次结构。

每个被管对象定义为一个元素。该结构中 identity 属性表示 OF 元素，是 Open Flow 软交换机（OVS）设备的对象标识。

Netconf 将对象信息分为配置数据和状态数据两类，所以采用可用来约束管理实体操作的 kind 属性来表示元素的类型，如 edit-config 操作不允许修改表示状态数据的元素。

2. 控制层的设计与规划

控制层作为整个系统承上启下的枢纽，主要分为处理网络资源并反馈给应用管理层的各个服务组件模块，以及通过传达上层策略和数据平面进行交互的控制代理组件模块。服务组件包括拓扑管理、故障管理和设备属性管理等利用南向接口对转发设备上的信息进行统计和获取的模块。

拓扑管理模块主动通过南向接口与 Open Flow 软交换机之间发送 LLDP 报文，该消息命令所有接收到报文的交换机向其他端口继续发送该 LLDP 报文。由于交换机流表没有预先定义接收 LLDP 报文的处理方式，所以 LLDP 报文会被返回控制器的拓扑管理服务模块，通过获取返回报文里的消息连接记录，创建链路连接关系和网络拓扑。链路发现过程如图 7.5 所示。

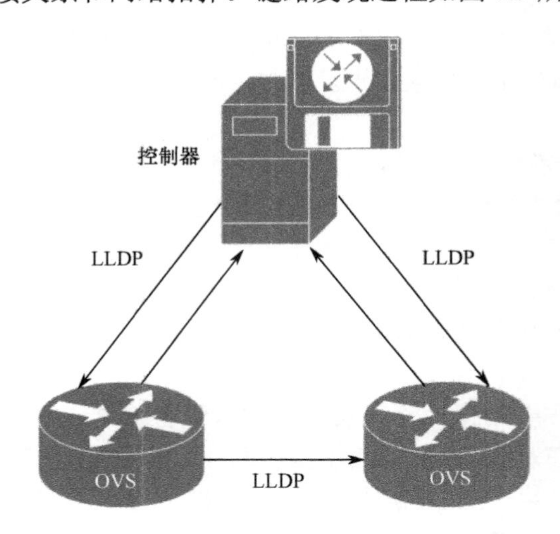

图 7.5 拓扑管理模块链路发现过程

1）服务模块的设计与规划

在服务模块的实现上，协议从被管网络资源对象的属性和能力两方面制订了相应的管理机制。

（1）对象属性。对象的属性可以分别从以下几个方面来描述。

① 资源属性。服务模块通过被管对象的资源属性来访问和获取对象的相

应状态信息。通过下面三方面来定义，即资源属性的数据模型、资源属性对应的 XML Schema 文档和资源属性的数据约束和属性元数据。

② 操作能力。服务模块对被管资源对象的管理操作需要被管对象对外提供开放接口，而服务模块对接口的这一具体访问过程称为“操作”。操作定义：与操作相对应的语义描述和操作匹配的元数据。

③ 元数据。元数据分为对服务操作管理接口进行描述的元数据和对被管资源属性进行描述的元数据。

整个管理系统提供的描述资源属性的元数据有 Modifiability（表示是否可以对资源对应属性进行设置）、Mutability（表示对应属性值是否是常量）、Notifiability（表示资源属性发生变化时是否主动通知）、Values（表示资源属性的有效值集合）、Range（表示资源属性的有效值范围）。

（2）对象能力。服务模块对资源对象的具体管理过程定义为事务。事务由事务标识、事务属性、事务状态、事务操作和事务度量组成。

① 事务标识。事务标识主要为服务模块在进行资源管理操作时提供编号，便于记录、查询和管理。

② 事务属性。在分配事务的 ID 标识时，设计了以下约束。

a．唯一性。服务模块在给某具体事务分配 ID 标识时，必须保证该标识在全局范围内是独一无二的，也即是分配给特定事务的 ID 标识，不可以再分配给其他的事务使用，保证事务的唯一性。

b．持久性。针对特定的事务操作，被分配的具体 ID 标识在事务的生命周期内始终保持有效。

③ 事务状态。服务模块必须针对具体事务进行状态机维护，事务状态机包括可行、禁止和阻塞状态。服务模块维护的具体状态机的状态转移如图 7.6 所示。

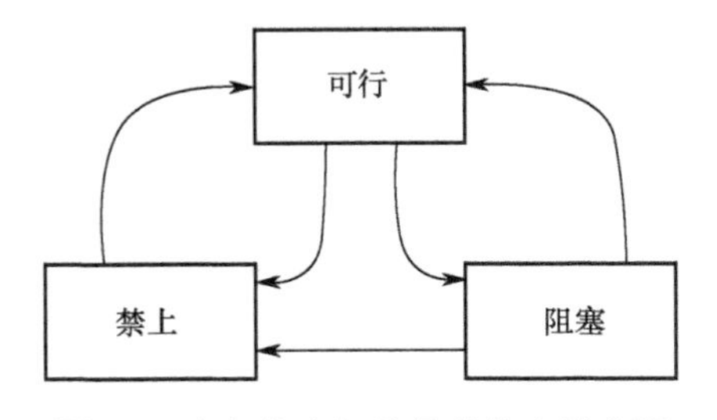

图 7.6　事务状态机的具体状态转移图

④ 事务操作。服务模块调用管理接口的事务操作分为开启操作和停止操作。收到开启事务请求时，服务模块将事务的状态从禁止变为可行，成功开启事务。当服务模块收到事务停止命令时，将事务状态从可行或者阻塞变为禁止，并停止事务运行，依次循环往复。

⑤ 事务度量。服务模块调用管理接口的能力大小用事务度量属性来衡量，其值是一个波动范围。但是，事务度量值根据调用模块的优先级不同存在差异，也可以被更新和重置，目的是保证服务质量。

2）控制代理组件的设计与规划

通过服务组件模块对底层拓扑和流量等网络资源的提取和分析，应用层根据这些信息结合具体需求分析形成全局综合方案，然后通过控制代理组件对网络进行统一配置。

服务组件模块实现链路和拓扑获取等将收集的资源进行统一封装供应用层调用是整个管理系统实现的基础，而控制代理组件则是业务需求得以实现的主要执行实体。控制代理组件主要模块结构如图 7.7 所示。

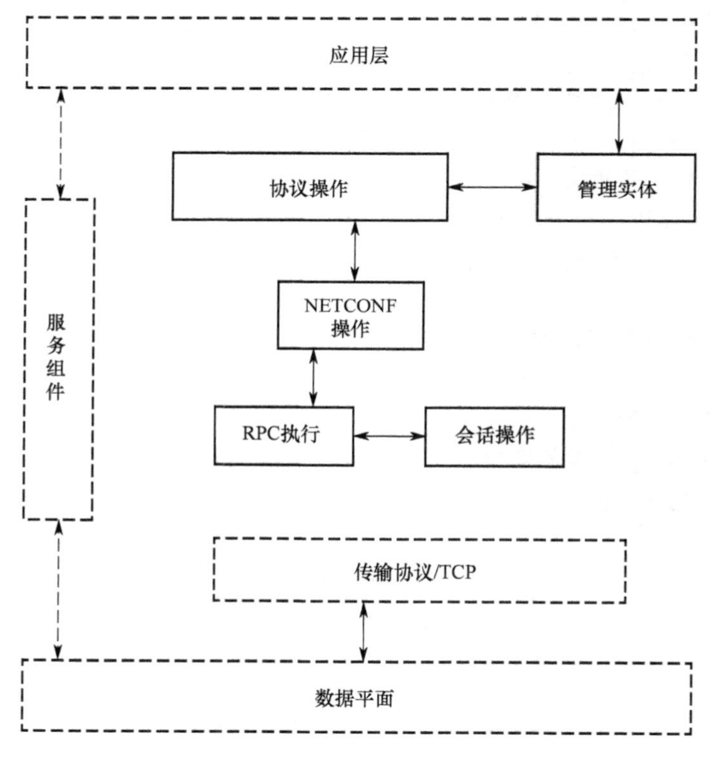

图 7.7　控制代理组件的模块结构

在图 7.7 中，实体线形框架为控制代理组件模块。管理实体模块负责接收应用层下发的策略执行请求。它主要描述了被管网络资源以及网络管理信息的实体，对应着 OF-Config 的传输协议 NETCONF 中的内容层；RPC 执行模块对应着 NETCONF 操作协议中的 RPC 层功能，负责具体管理应 RPC 操作的请求和响应功能；协议操作模块主要包括会话操作和抽象的 NETCONF

操作。

该模块收到应用操作请求时，首先访问 RPC 执行模块生成请求消息；然后通过封装在面向连接的 TCP 协议的会话操作应用层协议发送给被管对象，并等待响应；会话操作模块采用能够满足 NETCONF 协议需求的任何应用层协议来管理被管对象和管理实体之间的会话。当前主要用 SSH、BEEP 和 SSL 作为应用层协议，并且为了在管理实体和被管对象间建立可靠连接，协议采用了基于 TCP 连接的应用协议来传送 RPC 请求操作。

NETCONF 协议一般通过提供的基本操作集如<lock>、<close-session>等进行网络管理操作。但是管理实体对被管对象的参数配置时使用的是灵活易扩展的 XML 文档，方便通过利用基本操作集进行更加复杂的应用管理操作。

NETCONF 操作模块在对被管对象进行配置前，操作进程需要对配置的数据进行上锁，装入操作进程进行配置。配置完成后释放配置进程锁并返回下一个应用。通过 NETCONF 协议的封锁操作可以保证各个操作协议的正确和并发执行。其中，操作模块对被管对象进行配置操作的数据状态如图 7.8 所示。

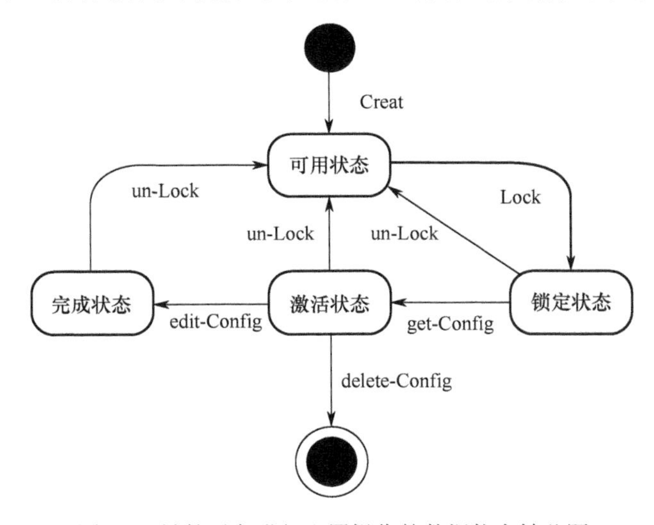

图 7.8　被管对象进行配置操作的数据状态转移图

图 7.8 中黑点表示的被管对象收到待配置请求，在分配了标识的配置消息等待协议请求通过后，状态转变为可用。然后配置进程对配置数据进行上锁封装操作，被管对象状态变为锁定状态。此时为了防止配置数据被修改，其他的配置操作的进程被暂时挂起，这样保证了事务操作的独立性。然后分别通过 get-Config 和 edit-Config 操作让配置从激活状态完成最终配置，释放锁进入可用状态。在配置处于激活状态时，检查到数据失效或者错误会直接通过 delete-Config 操作结束整个配置过程。

控制代理对被管资源对象进行配置操作设计时，针对特定的 NETCONF 协议操作，设计了对应的操作类。Get Config 类实现了 NETCONFIG 协议的 get-Config 操作。作为 NetConf 类的派生类，它们通过实现 IPNet Conf 接口共同执行 NETCONF 操作层的功能。

NetConf 可以利用任何实现协议功能的应用协议创建管理实体和被管对象的会话。本系统选择 SSL 作为应用层协议建立连接关系。NcSession 类是所有实现会话的基类。其中，NcSession Mgr 是 NetConf 类根据特定的应用协议创建的一个对象。该对象主要用来在管理实体和被管对象之间建立的会话进行管理，并根据协议具体操作请求来创建 NcSession 对象，管理实体对底层被管对象的具体操作过程如图 7.9 所示。

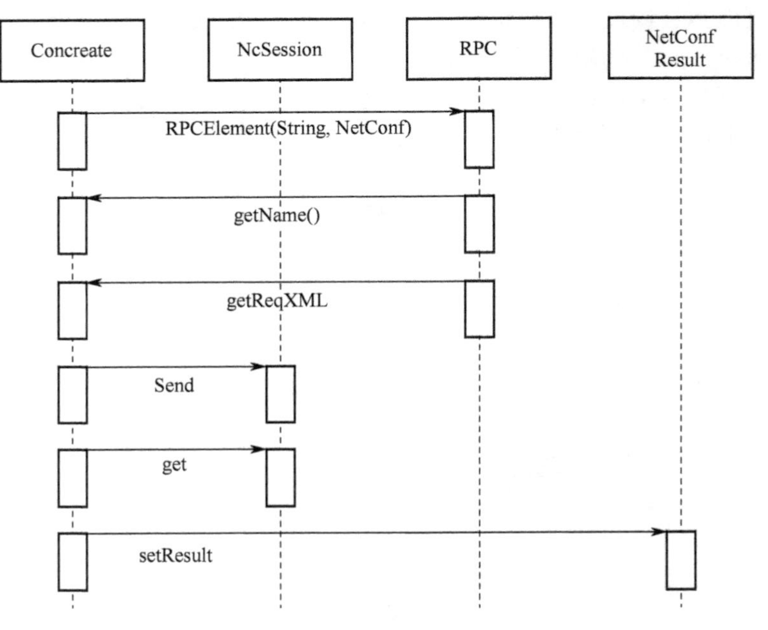

图 7.9　网络管理操作时序图

控制代理模块通过把各个等待执行的配置操作压入队列，并分配每个配置操作一个对应的标识 ID。配置操作通过可执行操作队列分配的标识 ID 调用 RPC 类的 RPCElement()方法来生成由<rpc>元素封装的请求消息，协议 RPC 请求通过时，进行相应配置操作；事务进入 completing 状态；将对应的配置操作标识写入已执行操作表；将可执行操作表中已完成的配置操作标识删除，事务进入 completed 状态，整个配置过程完成。

本节对网络资源中的设备、服务器、软件和体系提出了一些规划建议与方法，但是并不代表现实中只有这几方面需要进行配置，网络管理系统是一个庞大且重要的网络体系结构，需要从方方面面来进行规划设计。本节提出了在特定情况下的网络资源配置时的大体规划，可以根据网络规模大小、网络配置的花费、网络连通性等方面的不同，对配置的具体细节进行不同程度的修改，以适用不同的场景、方案。虽然每个网络系统的需求是不尽相同的，但是对于网络资源的配置方案都是大同小异的，只要遵循相应的规则，按照相应的标准，便可以实现网络资源方案的配置工作。

参考文献

[1] 毕经平. Internet 行为测量与分析研究[D]. 北京：中国科学院研究生院（计算技术研究所），2002.

[2] 黄智. 无线传感器网络基站移动算法研究[D]. 西安：西安电子科技大学，2013.

[3] 谢小军，于浩，陶磊，等. 可充电无线传感网络能量均衡路由算法[J]. 计算机应用，2017，37（06）：1545-1549.

[4] 王涛. 基于对等结构的分布式存储技术研究[D]. 成都：电子科技大学，2006.

[5] 廖旭波. 论传输技术在通信工程中的应用及发展方向[J]. 科技资讯，2009（03）：23+25.

[6] 田伟. 基于网格思想的新型 P2P 网络的研究与设计[D]. 成都：四川大学，2006.

[7] 谢志远，刘倩，郭以贺，等. 三相架空电力线上载波信号的传输规律[J]. 电力系统自动化，2012，36（05）：57-60.

[8] 朱效稳. 基于分形布朗运动模型的网络性能分析[D]. 峨眉山：西南交通大学，2009.

[9] 程倩. 计算机网络拓扑结构的分析及选择[J]. 电子技术与软件工程（16）：70.

[10] 黄韬，刘江，霍如，等. 未来网络体系架构研究综述[J]. 通信学报，2014，35（8）：184-197.

[11] 诸海生. 计算机网络应用基础[M]. 北京：电子工业出版社，2006.

[12] 何宏. 微型计算机原理与接口技术[M]. 西安：西安电子科技大学出版社，2009.

[13] 佚名. 深入理解计算机系统[J]. 科学中国人，2018（9）.

[14] 张兴旺，李晨晖，秦晓珠，等. 基于异构云计算平台的负载均衡机制研究[J]. 情报理论与实践，2012，35（10）：108-111.

[15] 郑叶来，陈世峻. 分布式云数据中心的建设与管理[J]. 中国科技信息，2013（21）：63.

[16] 郑明瑛. 浅析磁带存储的现状与发展[J]. 情报探索，2005（01）：52-53.

[17] 董昶. 论 RAID 磁盘存储技术[J]. 煤炭技术，2012，31（05）：192-193.

[18] 杨筱慧. 云存储技术及其发展趋势[J]. 电脑知识与技术，2015，11（20）：55+60.

[19] 李枫，庞娜，曹健. 浅议网络信息安全[J]. 数字技术与应用，2013（02）：168.

[20] 刘静云，陈飞，曾妍珺. 谈网络安全的防范措施[J]. 电脑知识与技术，2008，3（24）：62-64.

[21] 李海泉. 计算机及其外部设备的防信息泄漏技术[J]. 计算机工程与设计，2002（04）：42-46.

[22] 毕爱红，董奎义. 服务器机房电磁特性分析及防护[J]. 网络空间安全，2016，7（08）：50-53.